居元止境 II

调控下的破局

生态景观大宅、国际BLOCK街区、有机别墅、新亚洲风格住宅

第四册

TANGART·出版

广州市唐艺文化传播有限公司　编著
唐艺设计资讯集团有限公司　　策划

華中科技大學出版社
http://www.hustp.com
中国·武汉

图书在版编目（CIP）数据

居无止境. 第2辑. 调控下的破局. 第4册 / 广州市唐艺文化传播有限公司编著. -- 武汉 : 华中科技大学出版社, 2012.6

ISBN 978-7-5609-8012-6

Ⅰ. ①居… Ⅱ. ①广… Ⅲ. ①住宅—建筑设计 Ⅳ. ①TU241

中国版本图书馆CIP数据核字（2012）第097862号

居无止境Ⅱ——调控下的破局（第四册） 广州市唐艺文化传播有限公司 编著

出版发行：华中科技大学出版社（中国·武汉）
地　　址：武汉市武昌珞喻路1037号（邮编：430074）
出 版 人：阮海洪

责任编辑：王晓甲　　责任监印：秦　英
责任校对：赵慧蕊　　装帧设计：刘小川

印　刷：利丰雅高印刷（深圳）有限公司
开　本：1016 mm×1320 mm　1/16
印　张：17.25
字　数：152千字
版　次：2012年6月第1版 第1次印刷
定　价：275.00元（ USD 55.00 ）
套装定价：1180.00元（ USD 230.00 ）

华中出版

投稿热线：(027)87557471　6365888@qq.com
本书若有印装质量问题，请向出版社营销中心调换
全国免费服务热线：400-6679-118　竭诚为您服务

前言

德国哲学家海德格尔说，安居是人类在大地上的存在方式，而建筑本身就是安居。“人类只是地球上的匆匆过客，唯有城市将永久存在”——生而有涯，居无止境，千百年来，人类孜孜不倦地追求安居的理想，住宅建筑的发展历程呈现出不断变革、没有终极的趋向。但不管如何发展和改变，好房子标准千百年未变：既要遮风避雨，更要舒适健康。如何做好舒适、安全、经济的住宅设计是开发商与建筑师必须妥善解决的重要问题。

回顾2011年，展望2012年，针对房地产行业的宏观调控似乎还远未结束，刚刚结束的两会上，从温家宝总理的一句“房价远没回到合理价位，调控不能放松”中，开发商们断言：2012年又将是一个“过冬”之年！

楼市的冬天正一步步到来，开发商开始使出浑身解数，备战抢攻市场，包括万科、保利、富力、金地、绿城等龙头企业纷纷启动“过冬模式”，对自身战略、管理运营体系和外部市场进行更为系统深入的研究分析，更为注重市场与产品定位的精准度，更为注重公司品牌和形象的提升，更为关注优势资源的整合，苦练“内功”谋破局。

在此基础上，产品设计上也要与时俱进。实际上，除了户型设计上的潮流趋势，楼盘的规划类型也越来越多样化，除了主要满足居住需要的住宅产品，还有酒店、商场、写字楼为代表的商业地产，以及以满足休闲度假、商务会议需要的旅游地产等多类型产品。在不少业内人士看来，调控仍将继续，房企的发展将越来越依靠自身的核心竞争力，以产品品质说话。市场瞬息万变，提供创新产品和差异化服务尤为重要。

在楼市调控政策频频来袭的背景下，如何打造优质楼盘，让不同产品从竞争中破局突围，是开发商和建筑师需要努力探求的目标。基于这样的现实背景，《居无止境 II》应势而生。本书是唐艺设计资讯集团2012年重磅首推作品，本书精选了来自国内外121个高端产品，顶级豪宅典范、度假居所、高端美学大宅、地域特色社区、现代院落空间、人性化高端社区、生态景观大宅、国际BLOCK街区、有机别墅、新亚洲住宅、异域风情小镇11大热门类别楼盘逐一品鉴。本书体系完整、结构严谨，通过近6 000张高清图片，从项目的开发背景、前期构思、规划布局、建筑、景观、核心特色、导视图、材质运用、室内等全方位多角度展示了整个项目设计构思的全过程，探讨最新住宅开发与设计趋势，对开发商和设计师更具有启发和借鉴意义。

调控下房企破局之道

限购一年，调控持续，政府一再三令五申“调控从紧”，面对可能更艰难的2012年，品牌房地产企业将会采取哪些策略调整博得先机，突破寒冬压力，实现逆市发展呢？

为此，我们搜集了万科、龙湖、金地、保利、绿城、绿地等多家房企在调控下祭出的应对新战略，探寻国内行业标杆房企在楼市严冬下的破局之道。

长跑过冬
——万科总裁郁亮：盖有人住的房子

“2012年万科的发展策略是过冬。我们现在是冬天模式。”万科总裁郁亮表示，“现金为王、积极销售、审慎买地、节流、锻炼身体”是万科的五步“过冬策”。

未来市场需要新东西

万科总裁郁亮表示，此次调控实际上是2008年调控的延续，两次调控唯一不同的就是政府把保障性住房放到一个非常重要的位置。

郁亮称，过去指望有产品就能卖掉赚钱的逻辑已经不成立了，未来的市场需求一定是以居住为主，不同政策手段会比较完整齐全，过去“一放就乱，一乱就收，一收再打”的局面不会再出现，每种政策都会有序地进行安排。“所以，原来做开的、很成功的做法都要说再见了，要做新东西了。”

“下半场到了。”郁亮表示，没有任何发展商能够在下半场稳操胜券，毕竟刚刚开始。而每个发展商赢得下半场比赛的技能及要求也不尽相同。所以，包括万科在内，大家都要锻炼好在下半场自身的本领。

盖有人住的房子

郁亮表示，上半场万科坚持“为普通人盖好房子”，而到了下半场，则是“盖有人住的房子”。

上半场可能是产品、绿化之类的竞争，但到了下半场，重心开始出现转变。“未来的房子以居住为主，没人住的房子是没人要的，有人住的房子才能要，所以要把配套服务搞得更好。”

社区提供的不只是房子，而是一种生活，是人生的一部分。目前，万科在旗下的不同产品类型中有不同的尝试，如设置解决年轻人吃饭问题的食堂，举办业主运动会和联欢会等。

极小户型也是万科目前重点尝试的方向之一。郁亮认为，由于中国人口家庭结构在变小，基本居住需求要求房子基本上应该小型化。

据透露，明年万科15平方米的极小户型将在北京落地。郁亮希望，未来小户型在某种意义上成为首次置业者的一个过渡性产品，同时也是租赁的一个代替品。

产品创新策略

毫无疑问，专业化创造核心竞争力体现在“产品创新策略”上。万科表示，将**在细分客户价值的基础上，形成住宅产品体系，通过工厂化生产，提高住宅的品质和性价比；以和谐、自然、生态的标准进行未来可能住宅的研发，**为住宅产业贡献更多的自主知识产权。

冬天已经来临
——金地总裁黄俊灿：系列化产品创新

金地总裁黄俊灿在接受采访时表示，“2012年应该是首置和首改类产品在市场上能够去化的速度快一些。因为中央政府和很多地方政府都表示不会轻易放松，调子已经确定，因此不太可能有什么大变化。大环境、大层面很难有什么好转。我们能做好的，就是积极、认真应对，做好产品定位调整、业务结构优化”。

积极调整结构

金地集团认为，2012年首要的工作是抓当期的销售，除了采取积极的营销策略，还要随行就市制定合理的价格策略；然后就是调控中期的制度，优先推出符合市场需求的中小户型产品；第三个就是调结构，根据市场情况调整开发节奏，同时做好产品定位调整，进行业务结构优化。

塑造产品竞争力

“我们住宅的竞争策略将持续聚焦在产品上，不断塑造产品竞争力。但我们未来的产品竞争力不会停留在单个产品的层面上，而是**通过产品系列化和住宅品牌的塑造，实现‘领先、经典、一致’的产品发展目标。”**

黄俊灿还指出，“人本”一直以来都是金地产品的重要理念，现在围绕“人本”这一核心，经过梳理和提炼，使之系统化并以“引领人本生活”为宗旨，通过产品系列，将“人本”贯穿到每个住宅的风格、功能和社区等环节中，让金地的每一个住宅产品都脉动着“人本”的灵魂。

产品创新

“我们在每一个项目的开发中，都努力捕捉新的居住理念。比如在户型设计中对‘灰空间’的考虑，给业主带来了居住方式的更多补充；再比如对地下室车库的设计，一开始仅仅是考虑人车分流，然后就开始考虑到地下室的舒适度，开始了对地下墙面和大堂的装饰，等等。”

“产品创新将从项目创新转变为系列化产品的创新，涵盖集团高端和中高端80%左右的项目。截至目前金地已经推出褐石、名仕、天境和世家四大产品系列，诠释我们统一的产品价值观，未来还将根据客户需求和市场变化，适时推出其他系列，**每个产品系列均有清晰、鲜明的产品特征和价值主张，**通过产品线的运用提高项目开发速度和总资产周转率。”

黄俊灿还称，“未来的居住始终还是以关怀人性为出发点并寻求生活方式的创新，比如，追求更加人性化的细节体验，身心得到更好的享受；寻求属于自己的群体，并营造独特的社区情感与文化等。我们希望金地的住宅能成为目标客户的首选，比如当客户要换房子的时候，会想到要是金地在这里有个楼盘就好了。”

随行就市

——保利高层：产品创新为突破口

保利高层表示，2012年制定“防风险、控投资、去库存、调结构”的工作总指导思想应对不确定形势出现的市场波动。公司预计新推货源在800～1 000亿，新推货量主要集中于5－9月份，而120平方米以上户型预计同比减少20%～30%。

销售策略

公司的经营一直是以市场为主，今年延续了去年的做法：

第一，加强团队建设，提升公司自身各方面的开发专业能力。

第二，在产品上要完善销售形象，提高性价比。公司对每个项目都有不同的营销策略，主要从销售形象上不断完善。

第三个，从价格方面，这可能是最关注的，始终是根据市场情况随行就市。对于不同地区、不同的项目、不同类型的产品，都是以去库存为中心，随行就市定价来实现公司的销售。

把握刚性需求产品

“作为家庭结构来讲，一般会选择三房，这样的户型比较适合一家几代人住。但是对于刚性需求的群体来讲，面积超过160平方米可能主流市场不会选择，但是低于115平方米就会觉得小了。”保利副总胡在新表示，2012年产品不会有太大的变化，保利的主流还是144平方米以下的产品，这是市场的选择。

另外，有机会公司会做一些高端产品，像“天悦”，项目本身的区域位置和自然环境决定了这个产品是高端的。在上海也有一些类似的地块，也会选择做一些高端产品。

产品创新

在淡市的市场环境下，产品创新是企业持续发展的动力。如保利叶语、保利叶上海等楼盘，**通过产品创新提高产品的附加值，在同等价格及建设面积的基础上购房者可以获得更多的使用面积，迎合市场需求，**促使楼盘热销。

比如保利东江首府，是广州东唯一一个滨江城市综合体，园林设计方面师法自然，引东江活水入园。同时更是**以户型、建筑规划等多种产品创新为突破口，**成为新的豪宅标杆。

再比如保利·石象湖，无论是保利配置的五大国际配套，还是匠心独创的140平方米的独栋精装，已经掀起了成都休闲旅游度假地产的新论。

延续去年策略
——龙湖研发设计总监杨小鹏：用产品善待你一生

龙湖集团执行董事兼首席市场官秦力洪表示，“2012年龙湖将会延续去年的发展策略保持高周转，根据细分市场提供优质、多元化产品，保持市场优势及扩大份额。”

提供更丰富的产品线

秦力洪认为，不论在怎样的市场环境下，只要存在房地产行业的消费，相信像龙湖这样秉持“多业态”产品线的企业，总有一两款适合当时市场。

据介绍，2012年，龙湖将在目前在售的46个项目的基础上，另推出9个全新项目，多元化和优质的产品组合将涵盖刚性、改善性、商业经营等不同的客户需求。

产品设计精益求精

“为了掌握客户对龙湖产品的看法，龙湖每年都会聘请第三方进行‘客户满意度’调查，**按照业内同行的标准，对龙湖产品的外立面设计、户型设计、景观设计、精装设计进行详细的打分和评比，以此为依据，发现我们工作中有待改进的地方，力争精益求精。**”龙湖研发设计总监杨小鹏强调，如何用充满人性化和美学价值的产品来善待你一生，是龙湖一直以来所追求的。

“在龙湖拿下一个项目地块之前，设计研发部门就会参与到拿地过程之中，例如这个地块周边有着怎样的区域特征、产业规划，适合打造什么样的产品，我们都会提出相关的专业意见供整体决策参考；而在地块拿下之后，进一步的细化工作会继续进行。”

杨小鹏还表示，“作为一个大的房地产企业，要保证品质就必须保证产品的延续性和可复制性，因此，龙湖的产品讲求模块化。但是，**龙湖的模块化公式不是一味的复制，而是在保持品质基础上的不断创新。**我们有一个概念性的简单公式：90%的复制加上10%的N次方创新。一个新的项目上来之后，90%是要确保我们做过，可以在我们产品库里找到的，结构模块、立面模块，包括电器设备模块，等等，有现成的东西，然后因地制宜进行一些改建和创新。比如龙湖的地中海式别墅，在北京的几个项目中运用都很普遍，从龙湖滟澜山8平方米左右的次卧，到蔚澜香醍60平方米的主卧，做得非常舒适，每个项目都会积累下对这一模块的改进和创造。”

以细节打动人

此外，坚持细节，坚持“用生活打动人”也是龙湖产品能够取得市场认同的核心因素。杨小鹏举了这样一个例子：在一些高端项目的设计中，中西厨独立分开的设计已经开始被广泛地使用了，但是许多项目的排烟道依然是中西厨共用一个。虽然从外观来说没有影响，但是实际使用中却会出现一些小问题而影响生活的品质。对于这种小细节，龙湖的产品研发部门在得到客户反馈之后立即进行设计上的调整，将排烟道改为中西厨各自独立。虽然只是细节上的改动，但对购房人居住上的体验，却有着很大提升。

做最坏的打算
——绿城总裁寿柏年：产品创新升级、多元化

“宏观调控对绿城影响最严重的时期已经过去了。”4月2日香港业绩会上，绿城总裁寿柏年表示。对于2012年，绿城做了“最坏的打算”，并将销售目标定为400亿元。

新推316万平方米房源

“宏观调控今年还会继续延续，我可以告诉你，对我们公司影响最严重的时期已经过去了。公司已经调整了销售策略、模式及价格方

案，同时又拥有足够的房源。所以，我们对今年的销售还是很有信心。”寿柏年透露，今年绿城会有63个项目推出，新推出的房源有316万平方米。

寿柏年表示，绿城今年将以去化率作为首要目标，老盘会做适当的优惠，新盘则会合理定价，使今年的销售有进一步的提升。

产品转型

“房地产经过调控之后，我们需要反思以往的高负债策略，从依靠高负债率的发展战略转为稳健的依靠资产、品牌和管理输出的轻资产模式，这可能是绿城今后发展里面的一个比较重大的转型。我们不再通过高负债率来追求规模的扩张，我们要在靠高质量的前提下依靠品牌输出来实现稳健发展。”寿柏年指出。

在产品方面，其称，绿城一直走的是高端品质路线，但现在要研究、发现及实现客户的需求，**以客户的需求为主导，逐步实现产品的多元化**。

寿柏年强调，“高品质是绿城不变的主题，但是产品可以多元化。同时，**在产品创新里面也丰富我们产品的附加值，尤其是园区服务体系，**使客户居住到我们的园区以后能够享受到更多便利服务”。

产品创新升级

绿城集团董事长宋卫平亦称，绿城产品线主要定位为中高端，这使得其客户面狭窄，绿城需要调整产品线和进行产品创新，需要补充刚需产品在产品中的份额，以此来匹配宏观市场形势。

绿城把品质追求始终放在开发的第一位，产品也是不断在持续的更新、升级，在高层公寓进行全面升级换代的同时，绿城其他系列的产品也是沿着“整体化”和“精细化”品质的提升方向，持续进行着自我不断的更新和完善。

机遇与挑战并存
——绿地董事长张玉良：坚持产品研发与技术创新

绿地集团董事长张玉良表示，在当前已明确的房地产调控主要基调与目标之下，机遇与挑战并存。“2012年，绿地将继续密切关注市场趋势，围绕区域、区位、产品、价格等要素选择优质项目，重点关注市场空间大的区域及刚需支撑力强的区位和项目。”

产品精准定位

“我们首要强调产品的精准定位，适销对路的优质产品是有效策略的基础。在当前市场形势下，应加强对市场的密切关注与深度研究，适应调控政策下市场需求的结构性变化，精确定位、加强细分、挖掘需求。”张玉良表示。

“在此基础上，采取灵活有效的营销策略，重点一是抓新盘推广，确保高去化率；二是抓存量去化，有效让利、优化产品，提升性价比。”

据介绍，绿地在上海的项目，上半年供应量预计超过100万平方米，其中商办类产品占60%左右。住宅产品中，小户型刚需类产品占比超过65%。

加强产品研发创新

绿地集团始终将产品研发与技术创新作为增强产品竞争力的内在动力，充分挖掘和创造设计价值，并及时转化为生产力。

技术创新方面，绿地集团一方面全面提升技术管理能级，充分整合国内外一流规划设计资源，在大型现代服务业综合体、超高层、高星级酒店等产品领域保持领先地位。另一方面，**深入推进绿色低碳战略，积极推行绿色节能技术应用。**

产品研发方面，全面加强前瞻性研发，**强化住宅、商业地产和旅游地产等领域的深度研发和技术储备，针对大型居住社区规划、二三线城市滨江超高层住宅、创新花园洋房产品、商办别墅化产品、豪华五星级酒店品牌技术标准等开展系列研发创新。**如研发高容量创新别墅“叠院”产品，有效增加联排的舒适度，形成对高密度联排产品的优化升级，并在成都东村住宅项目中予以应用。配合酒店自有品牌推出，在沈阳国宾馆项目中开展豪华五星级品牌技术标准和风格品质的研发。

此外，深入研究对旅游度假地产业态配置和相关技术标准，为未来产品战略需求提供新的核心竞争力。

目录

生态景观大宅

旭辉御府

ECO-FRIENDLY LANDSCAPE I

生态景观大宅

价值

《陋室铭》曰：“山不在高，有仙则名，水不在深，有龙则灵。”而作为建筑用地，山水兼备的生态资源已经越来越珍贵。生态楼盘一般位于郊区、山野之地，在地段上远离了闹市。生态景观大宅便占据了这一先天优势，并借势放大，创建了远离都市的“世外桃源”。

融合

生态景观大宅以现有的生态资源为基础，依托地势、生态环境引导建筑形体以及建筑所围合的空间与周边环境发生关系，如建筑面山背水，通过建筑的方位，使景观效果最大化。

卖点 生态景观大宅的规划、建筑设计和景观设计同步进行，在建筑设计上考虑建筑风格、平面布局、立面形式、空间组合与景观的融合这5个问题，突出景观的优势，使项目内外的生态资源都成为项目的卖点。整个楼盘规划依据现有的地势、水势，使内部景观和外部景观遥相呼应，构成一体。建筑设计同样围绕生态美景进行，户型设计或朝水或面山，希望将周围的景色风光一览无余，并成为室内的装饰。

细节 生态景观大宅是高端地产的标杆，代表着未来住宅产业发展的方向，只有将细节做到极致和尽善尽美，才能使之充满价值感和高尚品位，让居住者有宾至如归的感觉。

开发商：昆山世茂新发展置业有限公司 建筑设计：上海中房建筑设计有限公司 项目地点：昆山市开发区前进东路233号	占地面积：500 000平方米 建筑面积：750 000平方米 容积率：1.50	绿化率：40% 供稿：上海中房建筑设计有限公司 采编：盛随兵

网状景观格局　现代国际生态社区
昆山世茂·东壹号

破局思路：项目以 “新城市主义”规划理念为指导，通过人车分流的交通模式，点线结合的网状景观系统，强调人性化的空间与尺度。建筑整体采用典雅而不失现代感的Art-Deco建筑设计风格，创造出适于居住、景观优越的理想居所。

开发背景

世茂·东壹号位于昆山东部经济技术开发区东部新城的核心位置，项目东起东城大道，西至夏驾河景观带，南临规划中的景王路，北靠前进东路，紧邻夏驾河景观公园和昆山金融街，规划中的地铁S1线顺陈路站和夏驾河路站近在咫尺。交通更是便利，距昆山市中心15分钟车程，距沪宁高速陆家入口5分钟车程，直驱上海市中心约40分钟即可到达。

项目概述

世茂·东壹号位于充满着生态、绿化景观的新城区中心，是一个集居住、旅游、休闲、购物、娱乐为一体的大规模综合社区。项目住宅产品类型包括多层电梯公寓、观景小高层、高层、花园洋房等建筑形态，其中多层建筑面积180 000平方米，高层500 000平方米，花园洋房110 000平方米。

产品布局

世茂·东壹号纵横分布的景观河道和林荫大道把整个项目分成八大组团，于东北、西北、东南、西南四大高层组团布置了22～24层为主的高层公寓，分别俯视顺陈河景观带与夏驾河中央水景广场，并在高层组团中南北向布置了一些点式的18层高层公寓；中心四个组团分别设计了花园洋房和带电梯的多层公寓，通过广场、水系、庭院的设计和处理，形成富有情趣的景观空间。

核心特色：英式风格园林

世茂·东壹号坐拥160 0000平方米夏驾河公园，河岸线呈南北走向，全长4.5公里，自然水系铺陈至社区内部，与社区绿化融为一体，实现真正“宅中有园、园中有宅”的绿色低碳生活。

世茂·东壹号纯英式园林设计，源引天然河流的内部景观水系、4大景观轴线，开放的公共休闲空间、半开放绿地组团园林、高私密度的私家庭院，形成一个园区内的绿色生态系统。独特的英式风格园林，分为宫廷、小镇和乡村三大主题，构建浓厚的英伦风情。设计注重景观尺度的把握，景观主轴强调大尺度，气宇不凡，次轴则讲求小尺度，富有层次感，收放有致，成为居民茶余饭后的休闲活动场所。

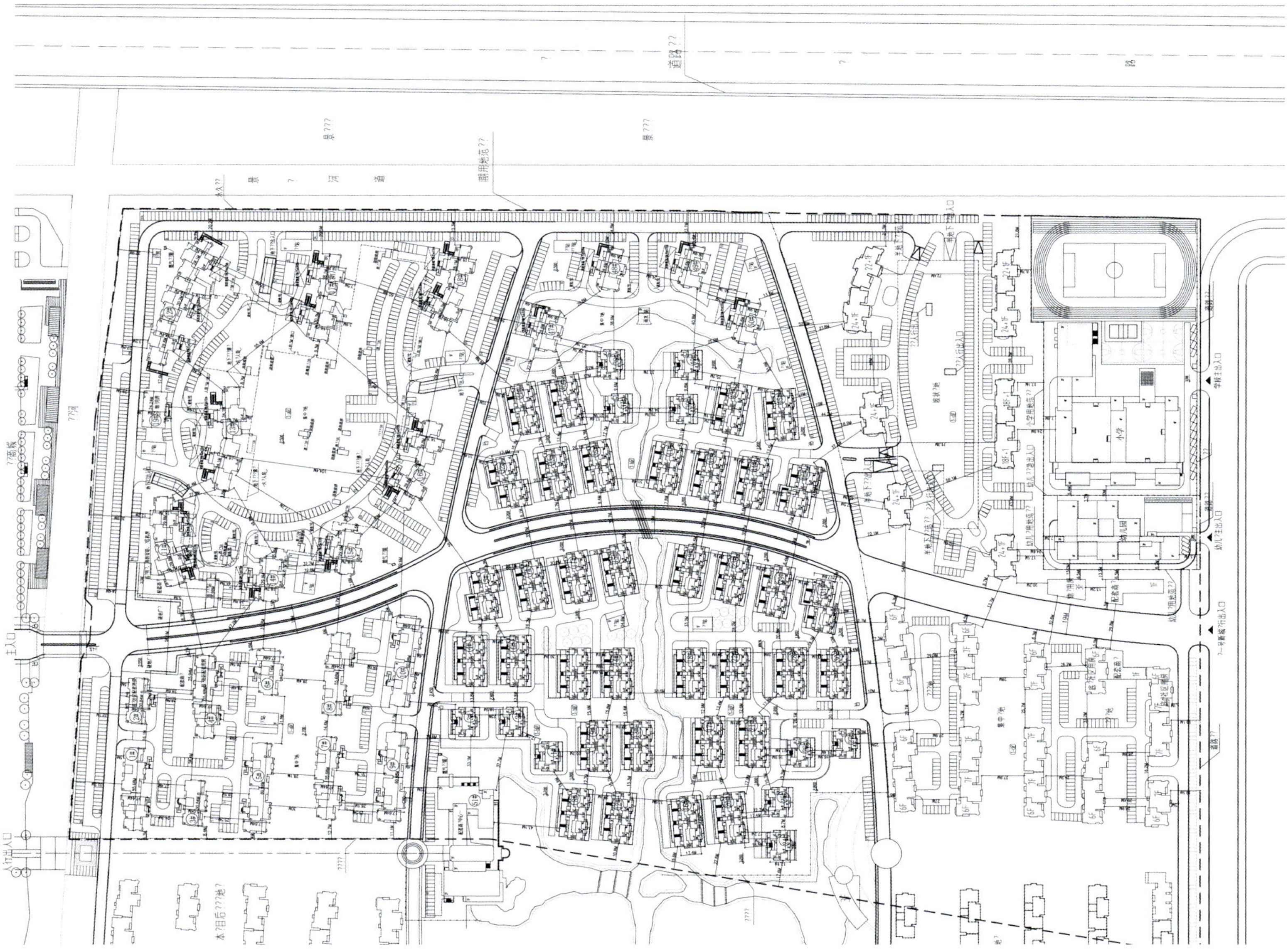

好易居房産
HOME EASY
好易居房産
瀚宇房产
嘉安堂药房
梦想家房屋

Art-Deco建筑风格

项目整体采用Art-Deco建筑风格，大量运用了鲨鱼纹、阶梯图形、放射状图样装饰，处处体现隽永而不失现代感的建筑气质，既独立，又从众，既奢华，又充满个性，汲取古典艺术的精华，延伸出具有时尚气息的线条。

景观设计

社区景观以“开放式城市公园”为主题，通过景观主轴、街坊中心绿地、小品水景等形成人车分流的景观步行系统，并将整个社区自然分隔成最适宜居住的人性化组团。

值得一提的是，小区的绿化、小品大量运用水系，以喷泉、雕塑、英式廊柱、植物迷宫等为元素，设计成英式宫廷园林，给人以身临泰晤士河畔的美妙感受。

世茂·東壹號
EAST NO.1
昆山开发区前进东路233号
销售中心
世茂·东壹号

1.8m
车库
BASEMENT
出入口
ENTRANCE & EXIT

↑ 106–109#

出
EXIT

开发商：上海绿地集团有限公司 建筑设计：UA国际/上海尤安建筑设计事务所 项目地点：北京密云滨河大桥西500米	占地面积：79 268平方米 建筑面积：160 219平方米 容积率：2.2	绿化率：30% 供稿：UA国际/上海尤安建筑设计事务所 采编：盛随兵

花海绿景概念　荷兰风情生态居所

北京绿地 · 国际花都

破局思路：绿地 · 国际花都以“现代、国际、人文、生态”作为形象支撑，围绕“花海绿景”的核心概念，以荷兰风情的园林景观、哥特式新古典主义建筑群落，将项目打造成为一个“现代国际人文社区”。

区域分析

绿地 · 国际花都坐落于北京"生态休闲之都"的密云县内，北倚云佛山、云蒙山两大“天然绿色屏障”及“亚洲最大人工湖”密云水库。密云整体功能定位为生态功能涵养区，区内不允许规划有污染型工业企业，是北京最佳的避暑、养生、度假胜地。

规划理念

整个社区运用大组团、公园式景观的规划理念，短板式的建筑体量设计，建筑布局错落有致，以花园围绕建筑，使建筑坐落在花园中。在绿地 · 密云国际花都，整个小区犹如一个大公园，建筑更像是公园中的点缀。

小区更精心规划有五星级共享大堂，并完全实现人车分流，在提高社区安全感和品质感的同时，更为居者营造高雅的居住氛围和完美的居住体验。

核心特色：荷兰风情园林，灵动水景

项目的总体景观设计吸取荷兰传统与现代的造园精髓，以一个较现代的手法来设计满足人审美标准的园林景观，实现传统荷兰与现代荷兰

的交融，传统的空间组合与现代的材料与施工的结合。

规划整体以弧线为主，通过各种不同的铺装材质增加景观步道的可观赏性和趣味性，道路两旁景色不断更迭，各种各样的景观小品和各种材质的道路交相辉映。同时采用立体平均式景观，主动创造场地高差，形成自然的起伏，有效增大绿化面积，使景观产生丰富的层次感。

水景更是景观中的一大亮点，设计师以“观水，亲水”深层次挖掘利用水系，通过营造自身水景、水境的特有气质、格调和氛围，使水景变得更加丰富、灵动、亲和。

整个区域除水系外，还设置了独特的观鱼池，整体社区将多个水景点串联，使每一个业主在家可以欣赏到美丽的水景。

国际花都
世界500强精装品牌矩阵
绿地集团
国际花都
社区人车分流 户户南北通透
绿地集团

请勿坐靠

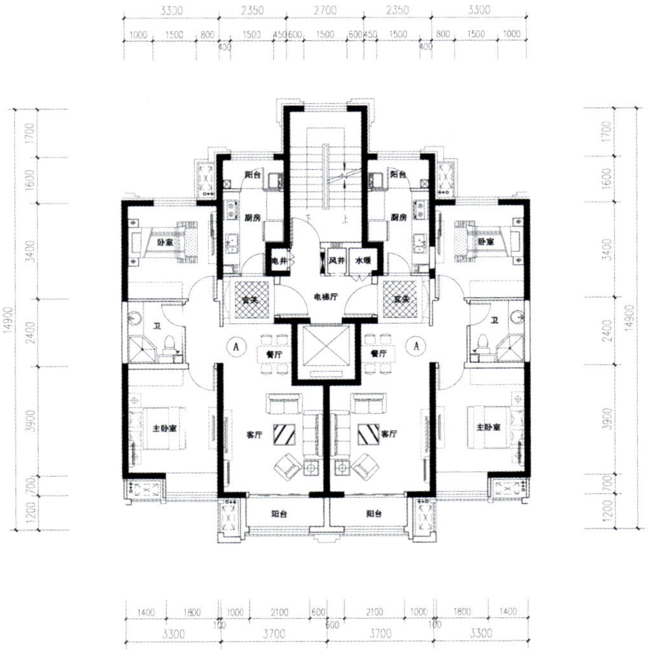

A户型平面图

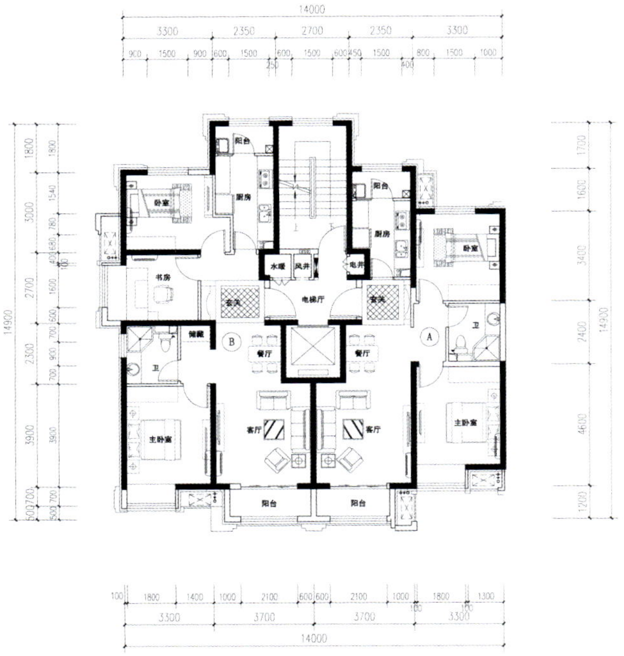

B户型平面图

户型设计

A户型90平方米两室两厅一卫，该户型设计南北通透，客厅与主卧室朝南向，次卧室朝北向。项目客厅配有阳台，主卧室配有飘窗，满足了居室内的采光通风要求。卫生间为暗卫，处于主卧与次卧之间，方便日常起居生活。项目厨房为明厨，狭长设计节省空间，并配有生活阳台。

B户型105平方米三室两厅一卫，该户型南北通透，主卧室与客厅朝南向，并配有飘窗以及阳台，次卧室朝北向，书房朝东，也配有飘窗。卫生间为明卫，利于通风。项目厨房为明厨，配有生活阳台。

开发商：金隅（杭州）房地产开发有限公司 景观设计：AECOW 建筑设计：香港刘伍建筑师事务所	项目地点：下沙24号大街与19号大街交会处 占地面积：77 212平方米 建筑面积：189 280平方米	容积率：2.4 绿化率：30%	供稿：金隅（杭州）房地产开发有限公司 采编：卓羽、张兰

原生态湿地景观　360° 无遮挡观景

杭州金隅·观澜时代

破局思路：项目通过规划，将高层、超高层景观公寓布置于北侧，以绝对的制空优势尽瞰江园美景。排屋、高层、超高层沿江由南至北有序排开，通过高度及疏密变化的组织，形成富有韵律和活力的建筑界面，形成与水域共生呼吸的沿江高端住宅。

区域分析

金隅·观澜时代尊处杭州全城瞩目之沿江稀缺板块，距市区约20公里，距杭州中央商务区钱江新城15公里，是东部与市区的黄金结合点。周边交通网络发达，通过五大交通体系与杭州江东新城、金沙湖国际商务区、钱江新城、杭州老城区无缝衔接。

项目定位

金隅·观澜时代位于杭州市下沙经济技术开发区东南沿江2号地块，南邻沿江大道，北贴24号路，中央被19号路南北贯穿，总建筑面积约70万平方米，由13栋沿江高层景观公寓、4大排屋组团、星级酒店及高尚商业组成，是杭州东部沿江板块核心区一座集酒店、商贸、居住、休闲于一体的大型城市综合体。

前期构思：人性化合理尺度，错层阳台布局

在规划设计之初，设计师充分考量人性化合理尺度，为了避免超高层建筑容易给人造成压抑的感觉，项目做了水景排屋、高层、超高层三种建筑形态，在高层部分以60~130米的高度由南至北循序渐进排列。其次，为了使建筑更具观赏性，同时能引入更多的外部风景，项目做了错层阳台布局，以及水波状的建筑立面，与钱塘江遥相呼应。

为了使住户停车更加方便，项目特意创建3.3米高半地下阳光车库，车库的缓冲带规避了传统的形式，采用质地坚硬的花岗岩、小方石来减缓车速，并且大量运用采光井，让绿色和阳光延伸到地下车库。

核心特色：湿地景观弧形阳台，大面积景观窗

在小区总体规划上，金隅·观澜时代采用"一"字形建筑布局，将原本可以建造两排高层的土地，仅建造了一排江景公寓，一排江景排屋，同时将排屋组团作为高层的景观因素，创造出丰富、错落的观江层次。实现几乎所有房源都可以看到江景。

景观上，金隅·观澜时代将13公里长、200米宽的原生态湿地景观带引入基地，使社区中央水系与1 300米钱塘江岸线、46 000平方米绿海长廊展现出一个有机的结合。

设计上，将现代主义建筑元素融入钱塘江地域性文脉。利用弧形阳台、大面积景观窗等经典设计元素，丰富了建筑的层次感和空间感。为了使业主在室内的观江面达到最大，空间设计师设计出“16：9”符合人眼视觉比例的窗景，将绿色与江天水色显现在视野中。

Arletta

空间设计

为保证住户的私享生活不被干扰，部分楼宇尊设一户一梯。精细规划的每一寸空间，方正、阔绰的户型设计，特别照顾到每一户的景观线。大开间、短进深分割出人居的最佳尺度，以保证对江景、园景双重视野的最大化追求。

90～300平方米多种户型，更有珍稀复式景观公寓和300平方米观景豪邸，充分满足感官与精神的多方位需要。多功能主卧带走入式衣柜，大面积观景卫浴空间设计，充分尊重主人优先原则，带来尊崇私密的居住享受。

开发商：江苏东寰房地产开发有限公司 建筑设计：中联筑境建筑设计有限公司 项目地点：句容市宝华山	用地面积：224 997.7平方米 建筑面积：99 798平方米 容积率：0.44	绿化率：22.86% 供稿：中联筑境建筑设计有限公司 采编：盛随兵

山水景观架构　原生态坡地别墅

南京句容宝邸山墅

破局思路：项目规划采用随坡就势和地表还原的规划设计理念，充分考虑山地的地形特点和景观资源，运用建筑主体形态与空间景观环境相互辉映的手法，多方位塑造整体环境，满足多层次的使用要求，建造纯山地别墅。

开发背景

龙潭新城是南京市“七个新城”之一，仙林新城是南京总体规划确定的“一城三区”之一，两者都属于新兴城区，而宝邸山墅北靠龙潭新城，西临仙林新城，未来发展潜力巨大。

项目概述

宝邸山墅地处国家4A级森林公园宝华山的余脉之上，项目规划了独栋别墅、双拼别墅及联排别墅，项目依照原生态山体结构依坡而建，户户观景，视野开阔。

前期构思：合理有效利用山地地形

基地三面环山，有大量可借用的山景和水景。用地以山地为主，西侧有两条小路与宝华镇相连。规划道路位于基地西侧，是基地未来与仙林地区联系的主要通道。西侧紧邻基地是项目未来的发展用地，项目在发展过程中考虑与西侧发展用地的衔接关系，达到最合理地利用空间及有效利用土地的目的。

规划布局

项目利用山水条件构建社区架构，项目主要的景观资源为山水结合的山涧和大面积的水潭，在现有的山水景观条件下，形成一条景观主轴串联6个住宅和4个社区节点的空间架构。

其中低密度和中低密度组团充分利用较好的景观资源发展独栋和双拼住宅，中密度地区发展联排别墅住宅，以较高的建筑高度寻求整个地块的容积率平衡。

核心特色：袖带双溪，山水景观架构

项目地块总体东高西低，中间高，两侧低，中部为一条分水岭，仿佛宝华山的衣袖一般带到基地内；分水岭两侧各有一条水系；双溪在谷地的凹陷处汇集成潭，是基地景观的点睛之笔。

山水社区的景观架构充分吸取中国传统山水的概念。整个社区根据山水特征分为北溪区、中岗区、南溪区3个山水景观分区。

3个景观分区各有景观核心，并通过景观主轴联系。景观核心视线开阔，景观轴线收缩，形成收放有序的空间序列。多变的景观与山水紧密结合，构成步移景异的社区景观。

户型布局与山水结合

户型布局充分结合山水景观条件，独栋户型布置在景观条件次优区的南坡；双拼户型布置在景观条件最优区的北坡和次优区的南坡；联排户型布置在基地西南侧，地势较平坦处，能够享受一定的景观资源。

室内空间

大飘窗设计，增加室内通透性，为更多观赏湖景和山景，项目设计了较多的露台，也使得建筑立面凸凹有致，层次感强。由于依山而建，地基高，使得地下室采光、通风均较好。

开发商：苏州高龙房产发展有限公司 建筑设计：苏州设计研究院 项目地点：苏州工业园区	占地面积：约500 000平方米 建筑面积：约1 200 000平方米 绿化率：45%	容积率：1.8 供稿：苏州高龙房产发展有限公司 采编：蒋四玲

"十字中轴"格局　观景与舒适兼备

苏州九龙仓时代上城

破局思路：项目规划采用随坡就势和地表还原的规划设计理念，充分考虑山地的地形特点和景观资源，运用建筑主体形态与空间景观环境相互辉映的手法，多方位塑造整体环境，满足多层次的使用要求，建造纯山地别墅。

开发背景

九龙仓时代上城位于苏州工业园区现代大道与钟南街交会处，地处白塘公园新兴住宅板块，20分钟车程辐射苏州市区、湖西CBD中心及湖东CBD中心。坐拥地铁一号线便捷交通，进则享园区CBD繁华商业，退则享白塘公园、沙湖生态公园优美自然环境。

全精装低密度电梯花园洋房

时代上城花园洋房的稀缺之处，不仅仅在于全精装理念从地上到地下的应用，更体现在传统的低层建筑于时代上城加入了地下室、下沉花园、入户庭院、阁楼、露台等设计后所具备与媲美别墅的宜居属性。

在时代上城的整个精装系统中，客餐厅的装修设计被定位为重中之重。从玄关收纳系统开始，即可看见设计的用心和细致。设计师巧妙地通过柜、格的多种形式，满足全家人衣帽、鞋、杂物的收纳要求。

核心特色：“十字中轴”格局，融合生态资源

时代上城萃取城市规划型态精华，注重对城市空间与街区尺度的规划。其建筑设计引入波士顿三段式形制，屋顶由30厘米厚成品瓦、35厘米厚水泥挂瓦条、50厘米厚细石混凝土以及现浇钢筋混凝土构筑，更防水保温；外墙采用的是传统外墙价格两倍的砂加气砌块材料，经过匠师六道精细工序的打造，使建筑拥有了更好的防火保温能力。

“十字中轴”格局是时代上城社区总体规划的最大亮点，东西横轴为30 000平方米波士顿风情商业街区，南北纵轴利用天然内河生态资源，打造“查理斯河”大型滨河景观带。

时代上城划分为四座花园小城，一条环通四城的环形景观道将它们有机地联系起来。各分区内均采用半围合式建筑排布，在开放与私密、共用与私享之间找到最佳平衡点，并将高密度林荫、流动水系、学院小品纳入其间，最大限度地为居住者提供了健康绿色的休闲环境。

材质运用

材质的运用，在时代上城显得尤为突出。客餐厅在大面积石材地面基础上，手工拼贴石材图案，不仅踏实耐用，更彰显了对典雅奢华的品质空间的追求。经过精选的客厅电视墙，均为咖啡色软包墙面，与室内整体色调相呼应，典雅尊贵。

样板房设计

舒适的客餐厅尺度，是时代上城客餐厅装修中的一大亮点。极尽开敞的设计，将客厅与餐厅融合成为整体，营造更大生活空间，尽显优雅大气。另外，宽飘窗设计，不仅放大了层次感，延伸对外部大自然风情的向往，更预留了大尺度满足个性化需求。阳台飘窗的精心设计，为卧室更添舒适度。

开发商：苏州旭辉高科置业有限公司 建筑设计：上海柏涛建筑 项目地点：苏州市高新区金灯街8号	占地面积：180 000平方米 建筑面积：330 000平方米 容积率：1.37	绿化率：30% 供稿：苏州旭辉高科置业有限公司 采编：蒋四玲

五重景观体系　生态高尚居住区

苏州旭辉·上河郡

破局思路：旭辉·上河郡，新古典主义整体规划，高低错落有致的建筑布局，建筑风格上以现代风格为主，别墅外立面采用石材，公寓底层用石材，其他为涂料。独有的五重景观体系，外拥公园之景，内赏惊艳园林，打造稀缺公园大盘。

区域分析

旭辉·上河郡位于新区长江路、北兴贤路与文昌路交界，也就是浒墅关核心区的所在，规划高新区北部新城板块，以居住功能为主。规划东至沪宁铁路，南至观山河，西至312国道，北至通浒路。项目以生态、文化、宜居、活力为规划设计要素，打造集现代商贸、金融服务、文化娱乐、体育休闲、生活居住等为一体的商贸中心区。

项目概述

项目在产品规划上以小高层公寓及联排、叠加产品为主，社区还规划有4 700多平方米的幼儿园以及5 000平方米会所。

总体规划

旭辉·上河郡分为3个区域；北区，南区以11层小高层住宅为主，中区以3层双拼别墅和叠加产品为主，形成高低错落有致的建筑布局，与中间商业街充分融合。

项目以别墅和小高层为主，建筑密度较高，总体规划上注重小高层的景观性，景观主要为运河景观及穿越地块的内部河景。

高层布置在运河边，中间布置别墅，沿河布置部分高层，北面高层视野开阔，景观性较好；别墅集中布置，品质较高。

核心特色：现代建筑风格，五重景观体系

项目建筑风格上以现代风格为主，略带中式元素，商业现代感较强。别墅外立面采用石材，公寓底层用石材，其他为涂料。

项目除了独享得天独厚的自然资源外，更是极为注重景观绿化的层次营造。内部景观带采用东南亚五重景观体系，7～8米的大型乔木、5～6米的小乔木、2～3米的灌木、花卉，小灌木、草皮，所有植被采用同纬全灌种植方法，移步异景，别有情趣。

户型设计

92平方米F户型南北不通风，较封闭。两卧室及客厅均朝南，具有较好的采光，卧室设有两个飘窗，增加空间感。

120平方米E户型南北通透。入户设有玄关，设置有南北阳台、东阳台和一间空中花园。户型设置一间主卧套房，配有独立的衣帽间及卫生间。

104平方米G户型南北通透，入户有玄关设计。户型设有南阳台及空中花园，空中花园可以改造成小书房或小卧室，可以设置成三房。

开放商：无锡万胜房地产开发有限公司 建筑设计：天华建筑设计有限公司 景观设计：新加坡贝尔高林景观设计公司	项目地点：无锡市滨湖区湖滨路11号 占地面积：150 000平方米 建筑面积：380 000平方米	容积率：2.5 绿化率：48%	供稿：无锡万胜房地产开发有限公司 采编：蒋四玲

双河景观　城市静谧居所

无锡万科金域蓝湾

破局思路：项目结合梁溪河和京杭大运河双河岸景观，采用围合式规划布局。Art-Deco风格建筑物沿地块外沿呈环形分布，360°无遮挡视野，最大化利用中央景观区与双河景观，同时又使每层空间得到很好的阳光沐浴。

项目概况

万科金域蓝湾位于滨湖区湖滨路与梁溪河交叉口东北侧，东至运河西路，南至梁溪河，西至湖滨路，北至规划20米宽道路。小区采取围合式建筑形态，共由11栋高层及4栋超高层围合而成。

围合式规划布局

项目采用围合式规划，人车分流设计，建筑由11栋高层及4栋超高层围合而成，所有建筑物沿地块外沿呈环形分布，所有车辆从社区外沿车道直接进入地下车库，中央景观区不设车行道。中央景观区内小径阡陌，仅供人行。环抱状建筑围合布局，使每层空间总会与阳光有一次互动。每一个角度都是迎风的入口，构成多角度迎风系统，建筑更具通风的作用。

SOTHEBY'S
Häagen-Dazs

精选材料

项目采用精装U8系统，大堂墙面、地面大面积采用天然大理石，局部选用拉丝镀色不锈钢，自然优雅、品位尊贵。墙体采用保温、加厚外保温板，隔离外界的温度，保持室内的温度。品牌Low-E中空玻璃结合断桥隔热铝合金窗，隔热、保温、防雨的同时，提高了效隔音性能。

核心特色：三段式立面，360° 观景

建筑设计移植Art-Deco装饰艺术，采用新古典主义经典三段式立面，底部采用石材干挂，楼梯采用具有设计感与线条感的设计，彰显王者之风。立面通过各色外墙环保仿石涂料与石材有机结合，配合金色系立面色彩，呈现出建筑的艺术观感。

项目运用梁溪河与运河美景，外有约60 000平方米河滨公园，内有约70 000平方米中央景观区，缔造双河景观精装大宅，视野从平面约180° 扩张为约360° ，使每一户都能享受到无遮挡的视野景观。

景观设计充分借鉴新加坡的设计理念，以植物造景为主，物种丰富的绿色植被组合成各种各样富有巧思的小品、异域风情浓郁的雕塑、形态迥异的坡道水系与热带风情泳池、儿童游乐区和老年人活动区，通过1 500米步道空间巧妙串联，在保证项目私密性的同时，形成移步异景的景观效果。

3个主要出入口皆设有岗亭道闸，大门采用新古典风格，周边围墙由实墙和栏杆组合而成，约4.5米的高度，体现出豪宅的尊贵和气势。

户型设计

部分户型入户处预设玄关柜。厨房设计则尊崇人性化理念，动线布局合理，整体设置合理。厅房空间设计注重品位和舒适性，着重考虑灯光光源设计，根据不同需求设置亮度适宜的光源。地板采用暖色调，使用复合地板，便于与各种风格家具搭配。

开发商：北京远联置地房地产开发有限公司 建筑设计：北京冠亚伟业设计有限公司 景观设计：源树景观设计事务所	项目地点：昌平北七家立汤路39号占 地面积：200 000平方米 建筑面积：230 000平方米	容积率：0.66 绿化率：66%	供稿：北京远洋嘉业房地产经纪有限公司 采编：蒋四玲

八重景观体系 低密生态别墅

北京远洋·傲北

破局思路：远洋·傲北将托斯卡纳与西班牙风格兼容并蓄，力求筑造纯正的地中海风情社区。园区凭借小区中庭景观、组团公共景观、私家花园景观等多重景观，特别打造五重园林，营造出谐和自然、气质典雅的浪漫生活。

区位分析

远洋·傲北据守奥北别墅区核心，奥北别墅区是北京8大别墅区之一，以亚奥之势为世人所推崇。区域内拥有温榆河温泉休闲渡假区、小汤山龙脉温泉渡假区、奥林匹克公园、九华山庄、凤山温泉等多项高尚配套，其以自然山水环境、交通环境成为京城最适宜居住的“富人区”。

纯地中海建筑

远洋·傲北规划为低密联排别墅，建筑风格来自地中海的托斯卡纳和西班牙。将当地白垩石的奶白色，阳光的金色，土壤的红色，森林的浓绿色，葡萄园的酒红色以及橄榄树的浅绿色，融合于别墅之中。采用天然材质如木、石和瓦，配以铁艺、百叶窗、阳台和赤陶屋顶，产生极具节奏感的视觉效果。

超低容积率，超大楼间距

远洋・傲北将更多的土地应用于园林，以0.66的超低容积率打造巴摩梭罗的浪漫生活。66%的绿化率，增添生活情趣及盎然生机。超大的楼间距让彼此保持适度的私密，邻里关系既融洽又不失距离。

核心特色：八重景观体系，五重园林

对于园林整体的规划，远洋・傲北独创“8重立体化阳光之旅景观体系”，分别为绿化景观隔离、宫廷品质入口、三大中心景观、多重院落景观、跌宕山谷氛围、丰富道路空间、亲切植物景观、尊属品质生活。

更有特别设计的五重园林，分别以大乔木、小乔木、大花灌木、小花灌木、地被花卉为基础，花叶果色香的分明层次，让缤纷花海更加丰富。

园林还注重地形河谷的营造，体现韵律感、多样性原则。充分发挥植物种类丰富、生态各异的优点，合理配置，创造季相分明、色彩斑斓的自然景观。以中央绿轴相隔，包含内容与形式各异的景观节点，包括“主入口广场、景观林道、主题广场、景观亭榭、休闲平台”的景观序列。

材料运用

远洋·傲北屋面选用红、灰、褐三种颜色的陶土防水筒瓦，外墙以STUCCO质感涂料和文化石墙面为主，搭配标志性的拱门、线脚、铁艺、露台、百叶窗、木制廊架。外窗选用高档铝包木窗，主材采用进口优质落叶松木，尽显托斯卡纳的浪漫优雅。

远洋·傲北
Bramasolo
高度/定格生活
高度决定格调，格调定格生活。
远洋·傲北巴摩梭罗时尚别墅，以浅谷繁花的浪漫，
人性化空间规划，树立中国家庭幸福标版。
更高定位，更广视野、更唯美生活，
幸福礼遇居者传奇人生。

GOLDEN KEY PROPERTIES ALLIANCE

空间设计

远洋·傲北的地中海风情花墅分为四层：阳光花园层、花园上一层、花园上二层、私密空间层，根据家庭构成中的不同成员规划设置，分别对应为：女主人的幸福空间、老人房、纯粹的家庭休息空间、男主人的私享创作空间，让一家人各自享受私密的环境，又能其乐融融。

私密空间层

阳光花园层

花园上一层

花园上二层

开发商：上海绿地集团芜湖置业有限公司 建筑设计：UA国际/上海尤安建筑设计事务所 项目地点：镜湖区弋江中路以东，黄山东路两侧	占地面积：80 510.277平方米 建筑面积：288 169.4平方米 容积率：3.13	绿化率：40% 供稿：UA国际/上海尤安建筑设计事务所 采编：盛随兵

围合空间结构　绿色生态型社区

芜湖绿地·镜湖世纪城

破局思路：设计东西向景观轴线连接神山东路和经八路，以其为主轴串联起两个组团，结合组团入口的开放空间，形成围合状的空间结构，将社区开放绿地景观与城市共享的同时，又将自然水体景观与社区结合，营造出一种新的生活模式。

项目概述

项目位于芜湖市镜湖新城区内，整个地块东临神山东路，西靠经八路，南接规划道路，北面毗邻城市水系，有丰富的水景资源。

项目总建筑面积为288 169.4平方米，其中地上建筑面积为251 664.4平方米，含住宅建筑面积245 315.4平方米，配套公建建筑面积6 349平方米。

前期构思：结合当地因素，以人为本的设计宗旨

结合芜湖市人文、历史、地理、气候、环境等外部因素，按照以人为本的设计宗旨，以“前瞻性”和“可续发展性”为方针，使规划设计总体布局均好、新颖，交通方便、流畅，环境优雅，楼房朝向良好。

力争在设计理念、建筑形式和风格、建筑技术和材料设备上有新的突破，增加高科技的含量，通过多种设计手法，融自然、生态、休闲、景观于一体，建成一个人文气息浓郁的自然、生态型住区。

核心特色：景观与建筑空间相结合

居住区的绿化和道路入口景观与集中绿化景观带相结合，形成自然的景观主轴和景观次轴。开放的城市广场绿化结合商业广场景观绿化，引导城市商业人流，营造出温馨的商业景观空间。

在住区绿化景观塑造上，引入开放社区景观空间设计手法，将社区开放绿地景观与城市共享的同时，又将城市水体景观与社区结合；设计中很好地把水景引入住区中，使内外景观空间相互渗透、连续流畅，情趣变化，给人带来花园庭院的享受。

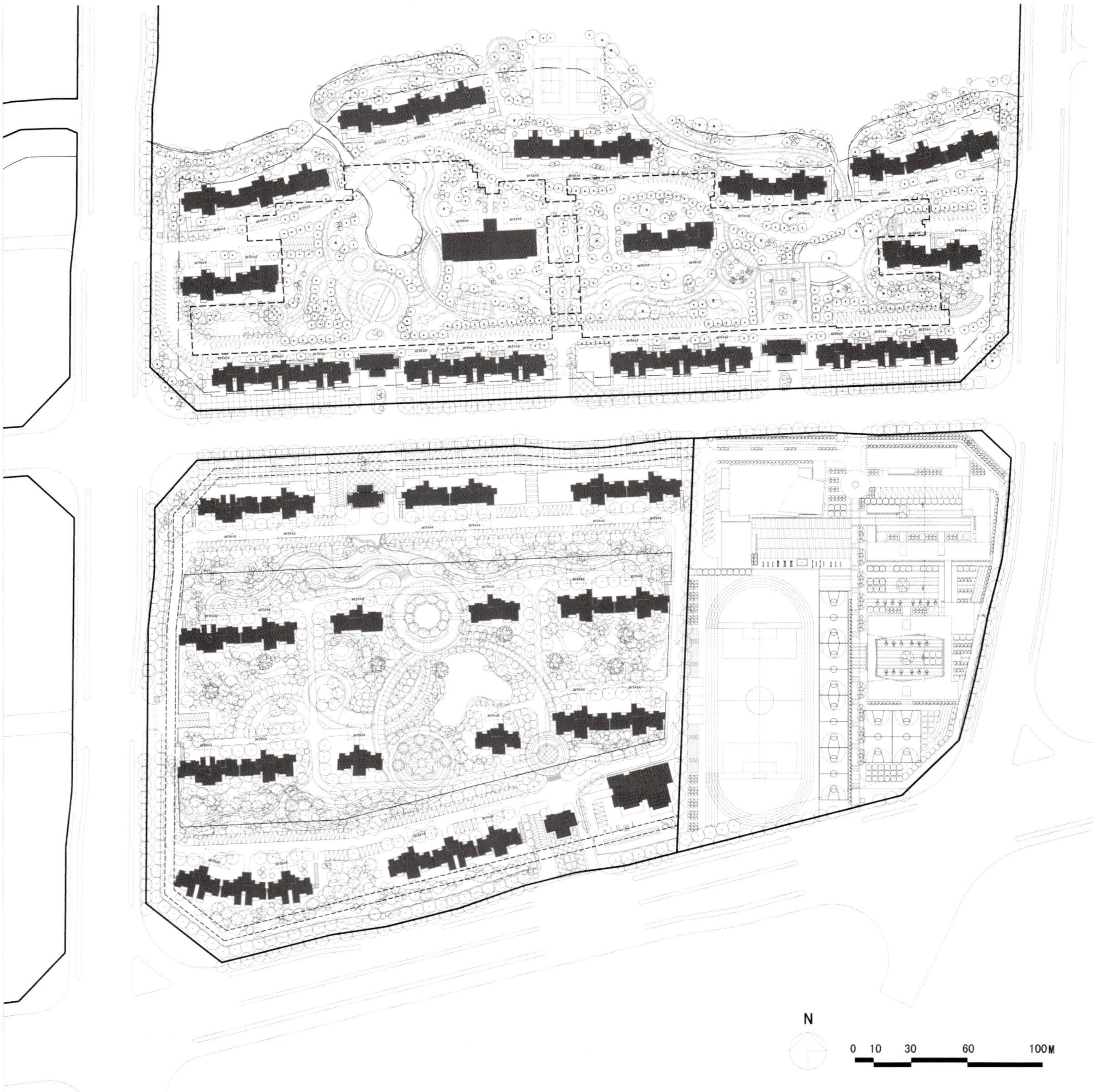
N
0 10 30 60 100M

2

绿地系统

居住区绿地系统分为小区集中绿地和住宅宅前屋后形成的组团绿地。入口集中设置大型集中绿地和贯穿的绿轴，提高环境层次，使之成为公众交流活动的中心，同时因地制宜，尽量拉大建筑间距，与中心绿地连片，浑然一体，精心设置的建筑小品、广场喷泉，丰富及美化了环境。

立面设计

高层住宅立面采取现代与古典相结合的风格，强调竖向线条以及纵深感，明显的垂直性的竖向构图，使建筑更具挺拔感。

立面设计采用了一些局部装饰与线脚，使立面丰富且温馨耐看。色调方面则以柔和明快的浅色调为主。建筑物造型结合顶部局部退台形成高低错落的立面轮廓，使其内外交织成一幅丰富多彩的建筑画面。

材料运用

充分利用玻璃、金属等材料来加强建筑轻盈、灵秀的风格，以最大限度地融入周围环境。

开发商：深业南方地产（集团）有限公司
景观设计：深圳市麦加仑景观设计工程有限公司
建筑设计：深圳市麦加仑景观设计工程有限公司
项目地点：深圳市龙岗中心城长兴北路

占地面积：145 468.61平方米
建筑面积：203 653平方米
容积率：≤1.4
绿化率：≥60%

供稿：深圳市风火广告公司
采编：卓羽、戴乐

一山两湖双园　城央生态家园

深圳深业·紫麟山

破局思路：深业·紫麟山采用“依山就势，藏风聚水”的布局理念，营湖理水，以人工湖为中心，营造5组院落式临水组团，让溪水自山顶郊野公园流入南北两区的临水空间，形成“两湖一山”的别墅景观。

开发背景

深业·紫麟山所在片区功能定位为服务未来龙岗中心城片区人口的综合性生活社区，项目位于龙岗发展的轴心线上，周边有48米自然山体、7 000平方米珍稀双内湖，东北角40 000平方米的生态公园和西侧110 000平方米的回龙铺市政公园，呈双龙捧珠之势，将深业·紫麟山拱卫其中。

项目概述

深业·紫麟山位于深圳市龙岗中心城，紧邻奥体新城板块，分三期开发，共有别墅202套，项目定位为Townhouse和以高层住宅为主的低密度高档住宅小区。

核心特色：建筑群依山就势，双湖水景观轴

深业·紫麟山的别墅和墅级高层依地势地貌立体排布，项目整体地形最大高差达40米，形成山体地貌，层次分明，错落有致，疏密有序，真正私享“山的别墅，别墅的山”。

景观层面上，其内拥小区最美双湖水景观轴，打造一个以人工湖为中心的院落式临水组团。整个建筑群依山就势，溪水自山顶郊野公园流入，形成“一山双园”的别墅景观。

材质运用

采用日本独有技术的古铜色消光电泳铝合金门窗，换气、防腐、防划痕等。为了实现品质与外观的高端和谐，外立面石材为高贵的金麻灰（楼王立面外墙为澳洲砂岩），屋顶为2008奥运会场馆屋面瓦指定的屋顶材料。

在智能化管理上，采用主动式红外对射式探测器和震动式探测器，对小区的周界进行实时监控，是深圳首个移动智能化和全屋太阳能系统纯别墅。

园林设计

园林是欧式园林风格。一、二期设计突出山林主题，三期突出水主题。三期沿水系展开整个景观设计，通过主水体、叠水、源头、溪流形成整个水系设计。源头有大景石广场，有仙女在戏水，是主入口森林礼赞的主题雕塑的延续。每栋入户大堂前设计了小喷水池，通过水声、蝉声、蛙声意境的营造，形成富有情趣的景观。

户型设计

非合拼阔景大宅，135～203平方米纯粹大户格局，层高3.15米，全部为非合拼，南北通透，视野无遮挡。而独创一层一户的山水洋房，200～313平方米纯大户，9米开阔大横厅，层高3.15米。

开发商：光耀集团有限公司 建筑设计：澳大利亚IAPA设计顾问有限公司 景观设计：澳大利亚IAPA设计顾问有限公司	项目地点：惠州大亚湾中心北区 占地面积：58 555平方米 建筑面积：246 186平方米	容积率：3.5 绿化率：36.8%	供稿：澳大利亚IAPA设计顾问有限公司 采编：戴乐

U型结构布局　无遮拦全视野观景

惠州DADA的草地

破局思路：项目围绕“艺术、交流、健康”三大人文元素进行规划，建筑总体呈U型布局形成大型中央花园。同时通过景观设计，解决场地中地下车库、入口广场与中央花园的高差问题，丰富景观层次，提高绿化景观的观赏性。

开发背景

项目是由惠州市光耀集团有限公司开发的花园式住宅项目，项目位于惠州市中心北区，用地南侧为规划中心，北侧为惠州货运铁路，西侧为已建成的海洋石油大厦，中心北区CBD规划使地块具有良好的发展前景。

U型围合布局

项目建筑总体呈U型布局，主体由10栋单体建筑，沿街的商铺、架空层车库以及东面的幼儿园组成。其中，商铺、车库及幼儿园均位于地面层，首层住宅入口则位于车库顶板之上的大型中央花园之中，其入户大堂的标高超过地面层标高7米。这样的布局使每个住户单元在共享中央大型园林的同时，朝东、南、北三面的住宅还将成为海景单位，实现景观效应的最大化。

项目主入口位于地块西南角，红线内形成了宽16米、长45米的带形入口广场，同时又是商业内街。另外在东南角设置一个次入口，方便住户的出入，也利于增加商业街的人气。

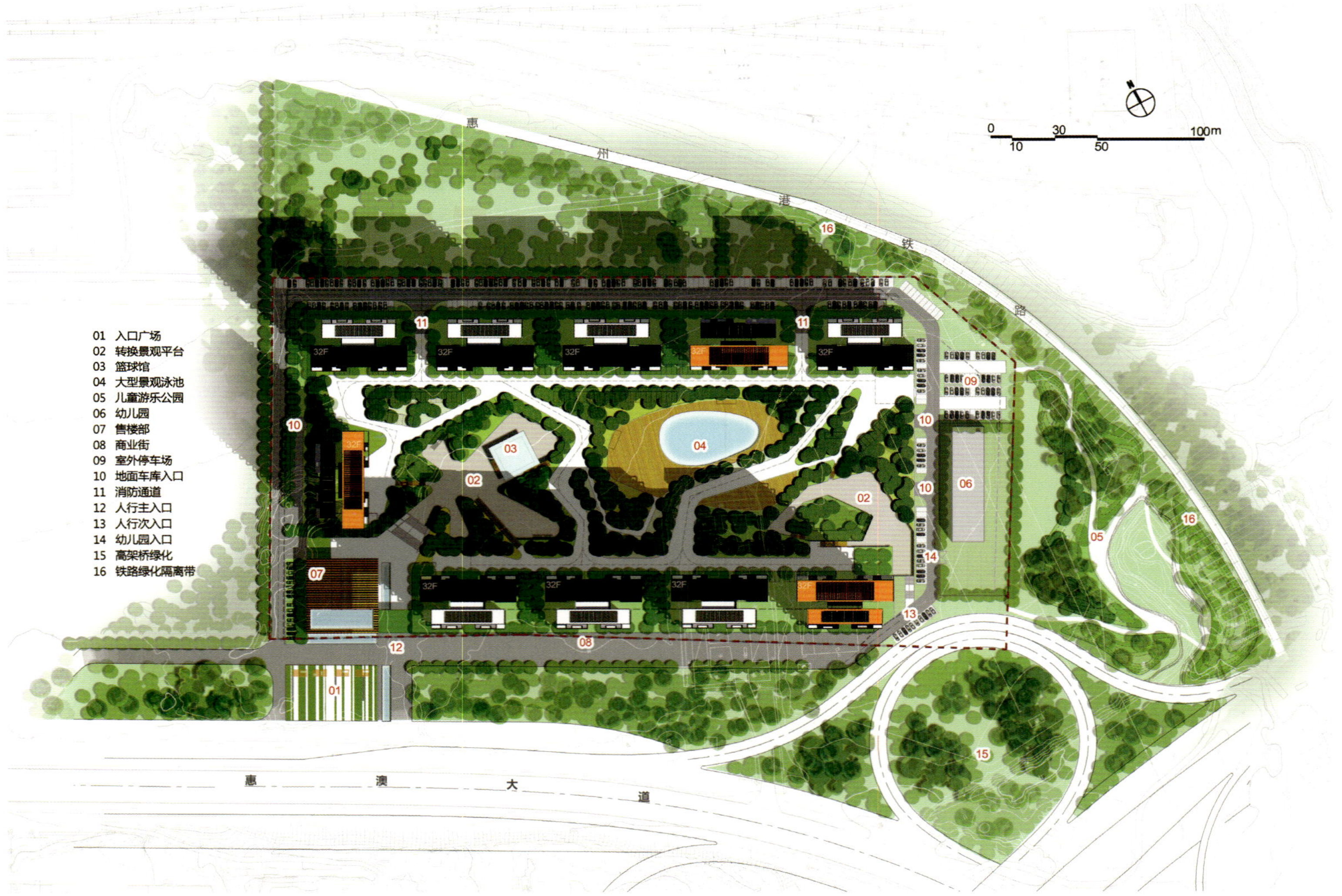

核心特色：亚热带风情园林，无遮拦全视野观景

项目拥有现代简约的亚热带风情园林：小区内约30 000平方米的中央花园，小区外围南、东、北三面设有将近70 000平方米的园林绿化景观。景观设计充分考虑地域气候特点，与建筑协调统一。

项目在规划上尽可能将景观视线纳入设计范畴，在满足建筑南北朝向的情况下，尽量使更多的建筑单元能看到园景、海景，户与户之间视距加大且视线不互相干扰，提升生活层次。

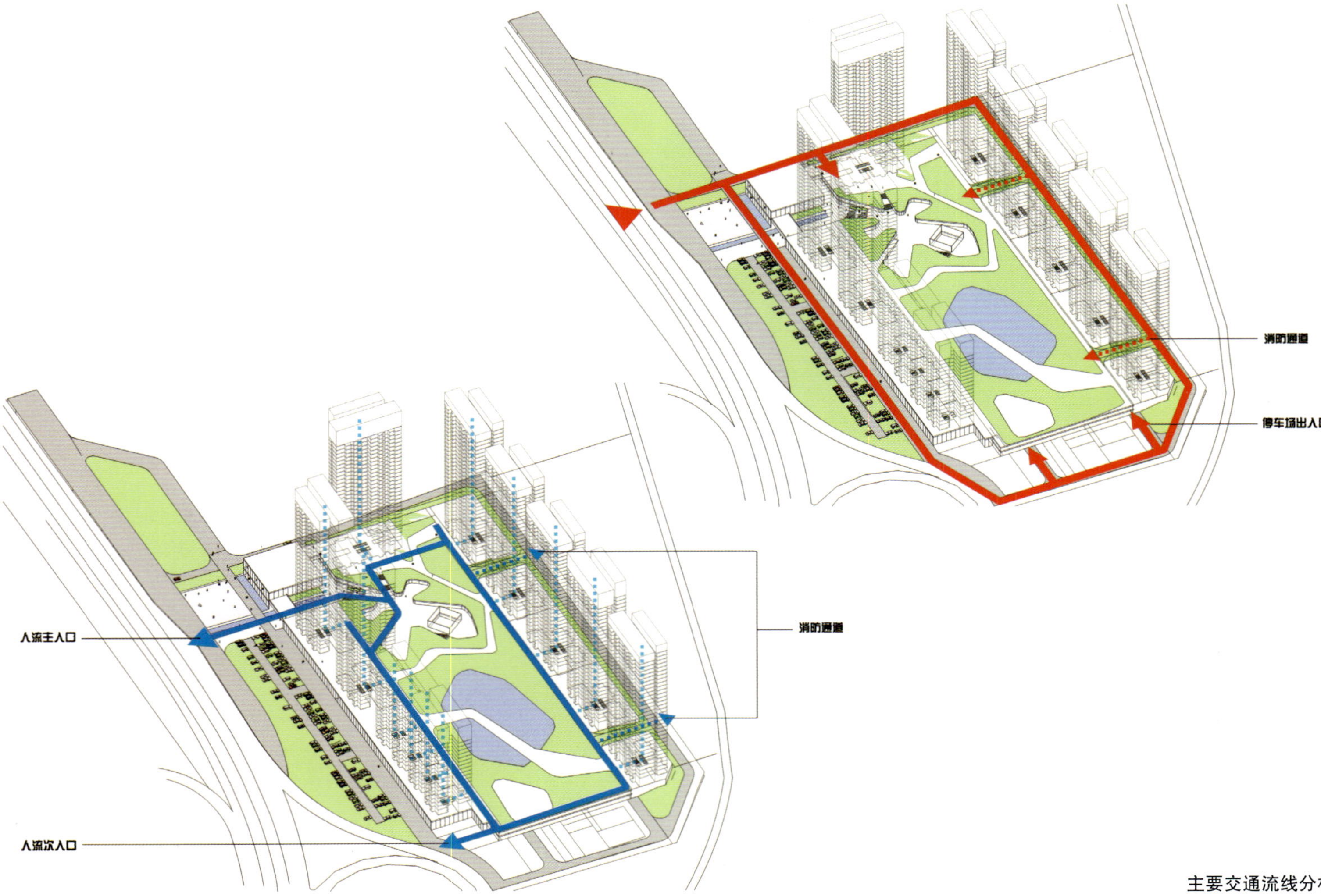

主要交通流线分析

道路系统规划

人行出入口与车行出入口完全分开，停车场入口设于东、西两侧，使主要的汽车环线分布于小区外围。

住宅入口位于车库顶板上，统一朝向中央花园，首层及二层为局部架空，与入户大堂相结合进行设计。住户首先通过入口进入小区景观转换平台，再经过中央花园直达各个住宅入口大堂。

项目的车行出入口位于地块西南角边缘，沿地块的东西北侧规划外部环形道路，路宽6米。利用区内北侧道路与中央花园高差较小的特点，设置2条中央花园与外围环路的车行连接通道，同时可作为消防车道使用。

户型设计

H户型设计方正、实用，南北通透，整体采光、通风效果不错。入门处设有玄关，客厅开间达到4.2米，宽敞、舒适，满足居家需求。宽阔大阳台，长约7米，与其中1个卧室相连，其他3个卧室均带落地大凸窗，生活舒适。主卧空间达到16平方米，其余3个小卧室面积均在8至10平方米，不显狭窄，方便、舒适。

开发商：北京中联置地房地产开发有限公司 建筑设计：中国建筑设计研究院 景观设计：中国风景园林规划设计研究中心	项目地点：北京市朝阳区 京通快速路南800米 建筑面积：超过1500 000平方米	绿化率：30% 供稿：北京中联置地房地产开发有限公司 采编：蒋四玲

“一心三轴”布局　生态低密花园洋房

北京远洋一方

破局思路：在空间布局中，项目板式多层住宅布置于斜向运动休闲轴的西侧，东部以板式小高层和高层住宅为主，总体理念为“一心三轴”的布局。并结合都市繁华与人文自然叠合的双重气质，打造规模逾百万平方米的生态群落。

开发背景

远洋一方地处朝阳区，距国贸东仅8 000米，距管庄城铁800米，紧邻通惠河，并收纳27 000平方米生态长廊，约100 000平方米城市公园，得天独厚的区域位置和天然优良的河岸水景是远洋一方的资源优势，可以说，“CBD、东五环、临城铁、亲水岸、低密度”是项目的直接价值提炼。

项目概述

远洋一方规划总建筑面积超过1 500 000平方米，项目分三期开发，一期有3 440平方米的幼儿园；二期有会所、幼儿园；三期有一所7 600平方米的独立小学，一所27 200平方米的九年制中、小学合校，并设300 000平方米的集中商业，建成后将成为周边最大的商业核心。

规划格局

项目在布局上十分考究，用地跨越了三个地块，因而规划布局在三个地块的中心位置集中设置配套服务设施，成为社区生活的中心，并在不同分区中各自设计了一条斜向的运动休闲轴。板式多层住宅布置于斜向运动休闲轴的西侧，利于创造层次丰富的公共环境，东部则以板式小高层和高层住宅为主，减少对公共空间的日照遮挡。

精心设置的环状道路保留了原生树木，并将不同院落串联起来，有效降低车速，同时针对不同原始地形标高采用了多种机动车停放方式。

Art-Deco建筑风格

整体立面采用Art-Deco风格元素，运用竖向线条的设计增强楼体的挺拔感和庄重感。多层花园洋房的外立面采用坡屋顶设计，通过高档面砖和外墙漆的协调运用，营造结实、厚重、简洁的感觉；中高层观景公寓外立面简约、清晰，色彩清雅，线条富于变化。

立面材质

立面以暖色调为主，材质主要为面砖，并配以灰色、白色涂料，整个小区建筑立面呈现一种新颖的暖色调，温馨而不落俗套。为了让每一栋楼看起来更得体，远洋一方采用了源自欧洲的外墙装饰技术，根据建筑的不同高度及形态，运用不同的瓷砖贴法工艺。

核心特色：街区式开放园林

项目邀请知名园林设计师，创造优雅街区式生活家园。入户设计为特色铺装，结合景墙、花钵和花园式种植形成特色小空间；经过景观引导，从小区整体的花园到门前的入户小花园，恰如园中之园、景中之景。

通过营造植物景观空间的丰富性，实现小中见大的感受，在强调私密氛围的同时，使居住者在回家时感受到自然、亲切的花园氛围。

1-2号楼
6-7号楼
13号楼
3-5号楼
8-12号楼
远洋一方
总平图
远洋一方

3号楼-5号楼
1号楼
2号楼
6-7号楼
13号楼
8号楼
9号楼
10号楼
11-12号楼
远洋一方

慢

鸣

鸣

车库出口
NO ENTRY

出口
EXIT

车场出口 严禁驶入

请勿践踏草坪

户型设计

所有户型都按板式或板点式进行设计，几乎所有住宅都具有充足的阳光和良好的通风条件。

远洋一方采用光学建筑的本意就是遵循大面宽、短进深的设计手法，增大进光量，减少人工照明的使用。这种设计在薄体板式建筑中尤为突显。与此同时，所有套型均设计大面积开窗，尽可能多吸纳阳光。

开发商：怀来京御房地产开发有限公司
景观设计：北京丹瑞景观设计公司
项目地点：八达岭高速康庄出口(65出口)西南约5千米

占地面积：158 600平方米
建筑面积：81 500平方米
绿化率：65%以上

容积率：0.6
供稿：怀来京御房地产开发有限公司
采编：刘玉娜、张培华

建筑与山体相融合　塑造生态示范区

北京八达岭孔雀城

破局思路：作为官厅湖畔的坡地建筑群，八达岭孔雀城的建筑整体外观为简约、典雅的欧式风格，经典三段式立面处理，红坡屋顶，淡黄色墙面与面砖巧妙搭配，欧式雕花围墙，宽敞楼道，塑造人性化的居住空间。

开发背景

八达岭孔雀城选址在八达岭和官厅湖之间，位于北纬40° 葡萄种植“黄金地带”区域，国家5A级风景区，周围更有八达岭野生动物园、居庸关长城、官厅湖万亩湿地、古崖居、明十三陵、龙庆峡、松山等85处景区，得天独厚的地理、地质环境，加上悠久的葡萄种植历史积淀，使该区域成为以葡萄为特色的高尚品位生态示范区。

项目概述

八达岭孔雀城位于北京重要水源的官厅湖东南。项目规划包括精品酒店、鹿跃酒庄，整个项目以手工水准打造经典山地别墅群。建筑立面在颜色的处理上力求在和谐中达到极致完美。产品户型面积在220～500平方米之间，产品设计借鉴国际先进经验，功能布局科学合理。

设计理念

项目引用欧洲地中海小镇风情，汲取孔雀城京郊低密度小镇开发经验，强调对山体现状和原生态资源的保护，建筑与山体天然融合。

建筑按照不同的地势、落差和自然景观存在，依据自然元素而建，带来丰富的视觉景观层级，室外与室内的连接也可通过高差变化作为空间的过渡。

建筑的“庭、院、园”景观结构，构成独特的、由内至外的景观空间序列，利用现有的山体环境，恢复应有的植被群落，逐步让其自然更替，使户主感受自然的变幻与力量。

官厅水库
延庆县
野鸭湖
三里河湿地公园
康西草原
古崖居
京张高铁康庄站
京张高铁
京张高速
65康庄出口
八达岭出口
216市道
石京龙滑雪场
龙庆峡风景区
江水泉公园
詹天佑纪念馆
八达岭长城
硅化木国家地质公园
G110
延庆博物馆
山戎陈列馆位
八达岭滑雪场
灵照寺
石京龙滑雪场
西沟里风景区
八达岭野生动物园
八达岭残长城自然风景
水关长城
玉渡山
鸡鸣驿
八达岭孔雀城总体规划图
居庸关长城
平北抗日战争纪念馆
上木之变遗址
东花园度假村
古城沙滩浴场
天漠旅游区
100亩
京藏高速
S2轻轨
松山景区
至西直门
白虎涧自然风景区
京包高速
至马甸桥
至北六环
北六环
八达岭·孔雀城
区位交通图
特别提醒，本沙盘仅作为项目销售道具使用，沙盘比例尺
与现实比例关系有些偏差，最终解释权归开发商所有。

三段式外立面

八达岭孔雀城采用欧式风格，整体呈现简洁典雅，明显可见三段式的划分使得外立面更加美观，更富有层次感、立体感。

核心特色：山地景观，葡萄庄园设计

八达岭孔雀城的规划结合葡萄园、坡地、水系、建成一座“八达岭下，葡萄湖岸”的优美生态小镇。

八达岭孔雀城还将南加州风格精华融入山地景观，利用原生态景观与地形资源规划景观植被，山间天然花草与小镇植株交错呼应。

山地休闲小径由孔雀喷泉蜿蜒而出，中心景观与屋前小景交融，更栽有多样果树，形成步步有景、四季有花的别墅小镇。

项目的点睛之处，在于完美结合了葡萄生态基地。八达岭孔雀城依托国际领先规划案例，融入了独特品位的葡萄庄园设计，更增加了酒窖、品酒室、酿酒工厂，打造国际级山地小镇。

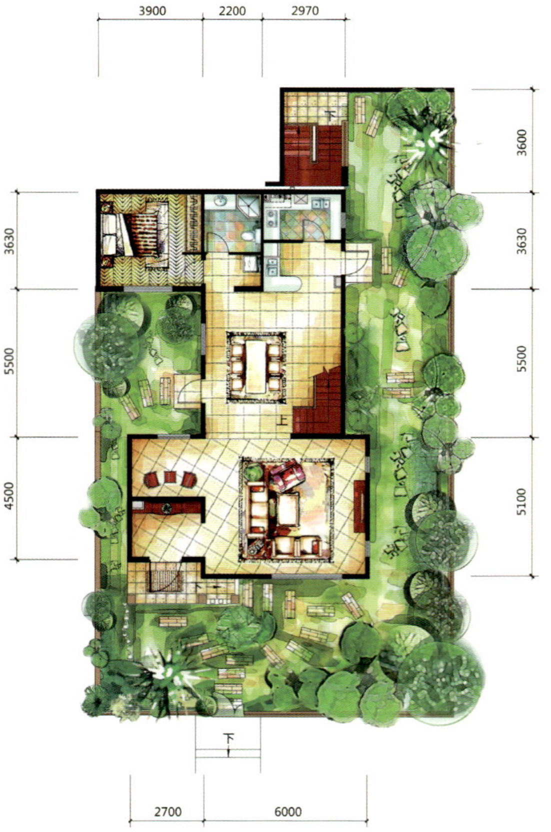

一层平面布置图

二层平面布置图

三层平面布置图

TWININGS
EARL GREY TEA

户型设计

别墅均为通透的南北朝向，地上三层，地下一层。其中A户型一层270° 三面围合式私家庭院，超大开间，起居室三面开窗，采光充足，首层阳光卧室空间方正阔绰，空间动静、干湿布局合理。

二层南北双阳台完整套房设计，主次分明，阳光主卧超大开间设计，外部雅致花园设计，更多经典视觉享受。

三层阳光主卧，转角步入式超大露台，北侧多功能房设计，创意空间随意打造。

开发商：K2地产 设计单位：北京维拓时代建筑设计有限公司 项目地点：北京	占地面积：71 297平方米 建筑面积：250 000平方米 容积率：2.9	绿地率：30% 供稿：北京维拓时代建筑设计有限公司市场部 采编：张培华

微地形坡地设计　营造原生态园林

北京K2·海棠湾

破局思路：K2·海棠湾以建筑、自然与人之和谐为主张，总体布局以中心景观为核心，形成南北向景观轴线，沿轴线两侧布置五排板式多层及高层住宅。布局顺应地形、不拘一格，保持了建筑的错落之美，创造出CBD罕见的景观住宅。

开发背景

K2·海棠湾地处通州新城规划中心，距离八通线梨园站约1 200米，交通便捷。京沈、京通快速路途径小区附近，距离CBD商圈不到15公里，为业主将来出行提供极大便利。

项目概况

K2·海棠湾位于北京市通州区，西临云景东路，北、东、南三侧为规划道路。小区规划用地面积71 297平方米，建筑规模250 010平方米，其中地上206 762平方米，地下43 248平方米。项目分三期开发，定位为高档住宅区。

规划设计原则

规划设计以环境内与外结合，建筑与环境结合、环境与功能结合、观赏性与实用性结合、环境与人性化结合为五大原则。建筑与园林、环境与人居、观赏与实用性相融合，形成园中有园，景外有景的格局，充分体现建筑园林艺术现代版的景象。

表一：主要技术经济指标

规划用地		71297.443m²
总建筑面积（含现状3085m²）		250010m²
地上建筑面积		206762m²
其中	住宅建筑面积	201549m²
	配套公建建筑面积	3176m²
	现状建筑	2037m²
地下建筑面积		43248m²
其中	车库及住宅地下室	41200m²
	市政站房	1000m²
	现状建筑	1048m²
套型面积小于90平米总面积		149469m²
套型面积小于90平米总套数		1981套
套型面积小于90平米总面积比		74.2%
套型面积小于90平米总套数比		85.0%
建筑高度		80米
建筑密度		18.36%
建筑层数		27层
容积率		2.9
绿化率		30%
集中绿化面积		6532m²
人口毛密度		916人/ha
住宅面积毛密度		2.827万m²/ha
住宅面积净密度		3.684万m²/ha
住宅建筑套密度（毛）		327套/ha
住宅建筑套密度（净）		427套/ha
居住户数		2333户
其中	零居室	486户
	一居室	299户
	二居室	1234户
	三居室	302户
	四居室	12户
居住人口		6532人
停车位		1205辆
其中	住宅	1167辆（地下）
	配套公建	21辆 （地下）
	现状公建	17辆（地上）
自行车停车		4856辆
其中	住宅	4666辆（地下）
	配套公建	108辆 （地下）
	现状公建	82辆 （地上）

表二：用地平衡表

规划建设用地面积	71297.443m²	100%
住宅用地面积	54716.443m²	76.74%
公建用地面积	4056m²	5.69%
公共绿地面积	6532m²	9.16%
道路用地面积	5993m²	8.41%

表三：配套服务设施规划设计指标

（6.08千人，参照附表3编制）

类别		项目名称	建筑面积	用地面积
医卫	1	社区卫生服务站	156m²	
文体	2	文体活动站	1306m²	
	3	综合文体运动场地	130m²	2618m²
商业服务	4	商业服务	1054m²	1300m²
社区管理服务	5	社区服务中心	210m²	
	6	社区居民委员会	190m²	
	7	物业管理用房	130m²	
市政公用	8	垃圾分类投放站		138m²
总计			3176m²	4056m²

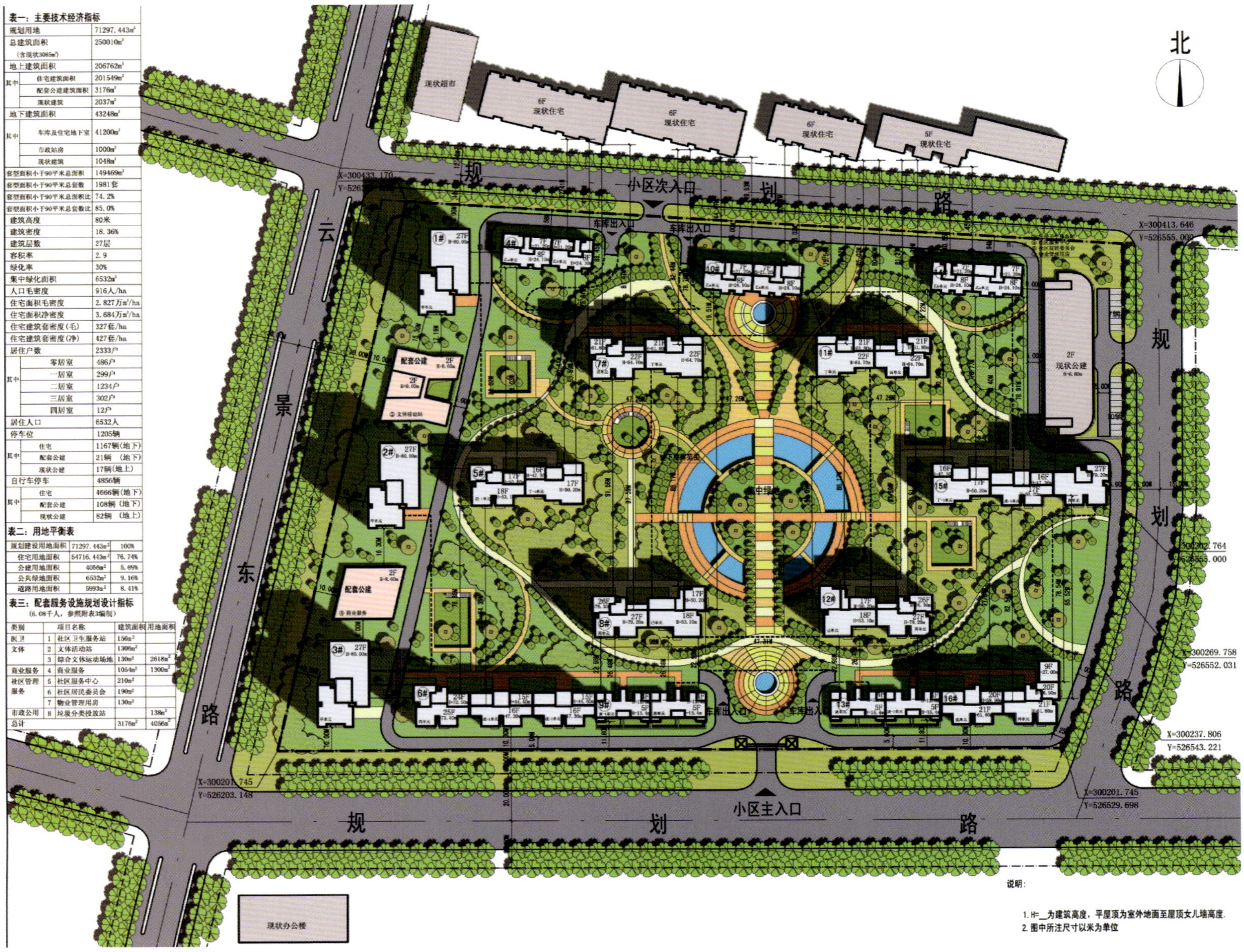

说明：

1. H=__为建筑高度，平屋顶为室外地面至屋顶女儿墙高度.
2. 图中所注尺寸以米为单位

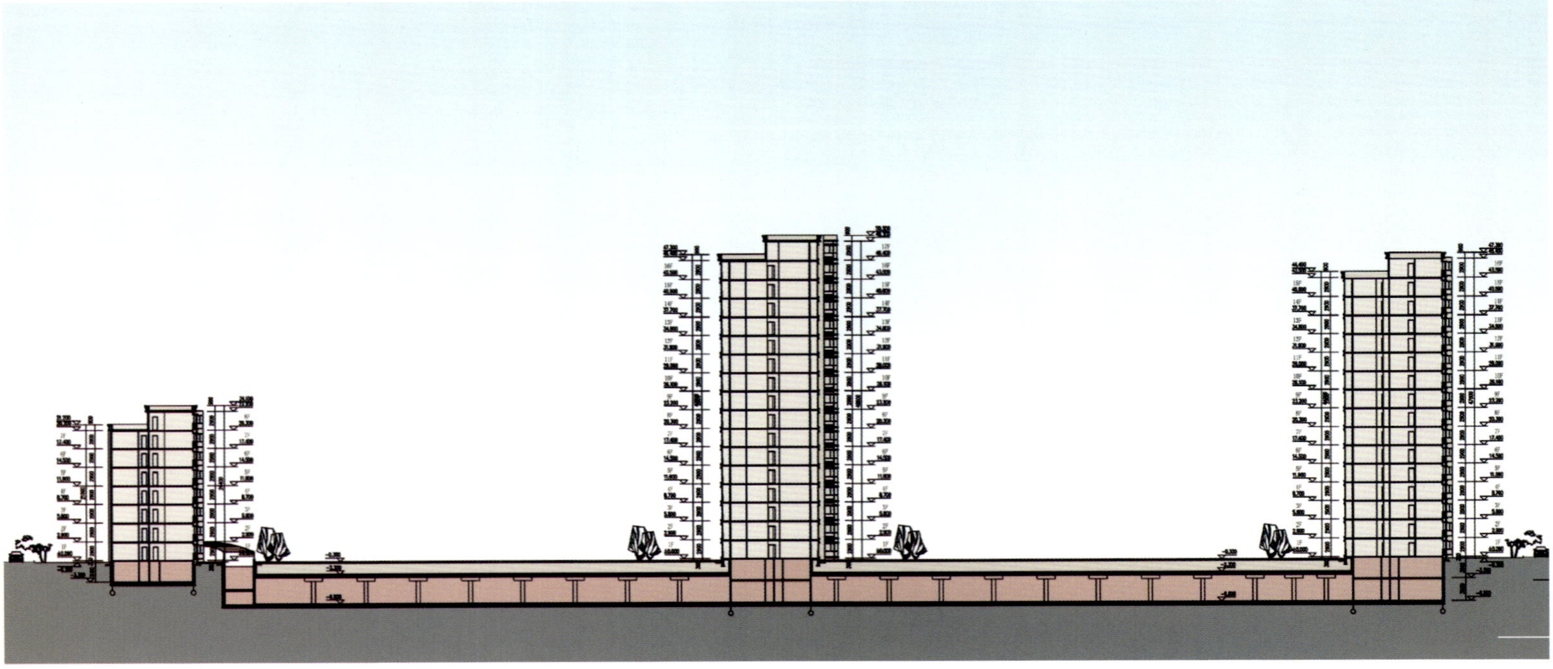

剖立面

总体布局

项目总体布局以中心景观为核心，形成南北向景观轴线，沿轴线两侧布置五排板式多层及高层住宅。住宅布局充分利用日照、间距创造形体高低错落、空间开合有度的整体形象。为塑造沿云景东路良好的城市街景，避免排列式布局及山墙朝向城市干道的消极影响，沿云景东路一侧布置点式高层塔楼，形成体形挺拔、空间变化、整体简约的城市形象。

核心特色：坡地式园林景观

在园林景观设计上，移植了近百余种不同种类的树植及花草，南园北调，荟萃江南园林的古典之美，采用了移步换景、步移景异、障景等造园手法。微地形坡地的规划设计，更使得社区园林呈现自然原生态地貌，约6 800平方米的社区总水系贯穿四大美景组团，更有约5 800平方米的集中水系以龙归大海的设计理念打造海棠湾的堪舆意象。

三段式立面

选取高品质面砖结合底部石材，打造三段式英伦华宅立面。色调以深色为主，用Art-Deco装饰艺术体现建筑的永恒之美。立面采用干挂石材技术，保障建筑外观的持久性与抗风耐磨性。

南立面

西立面

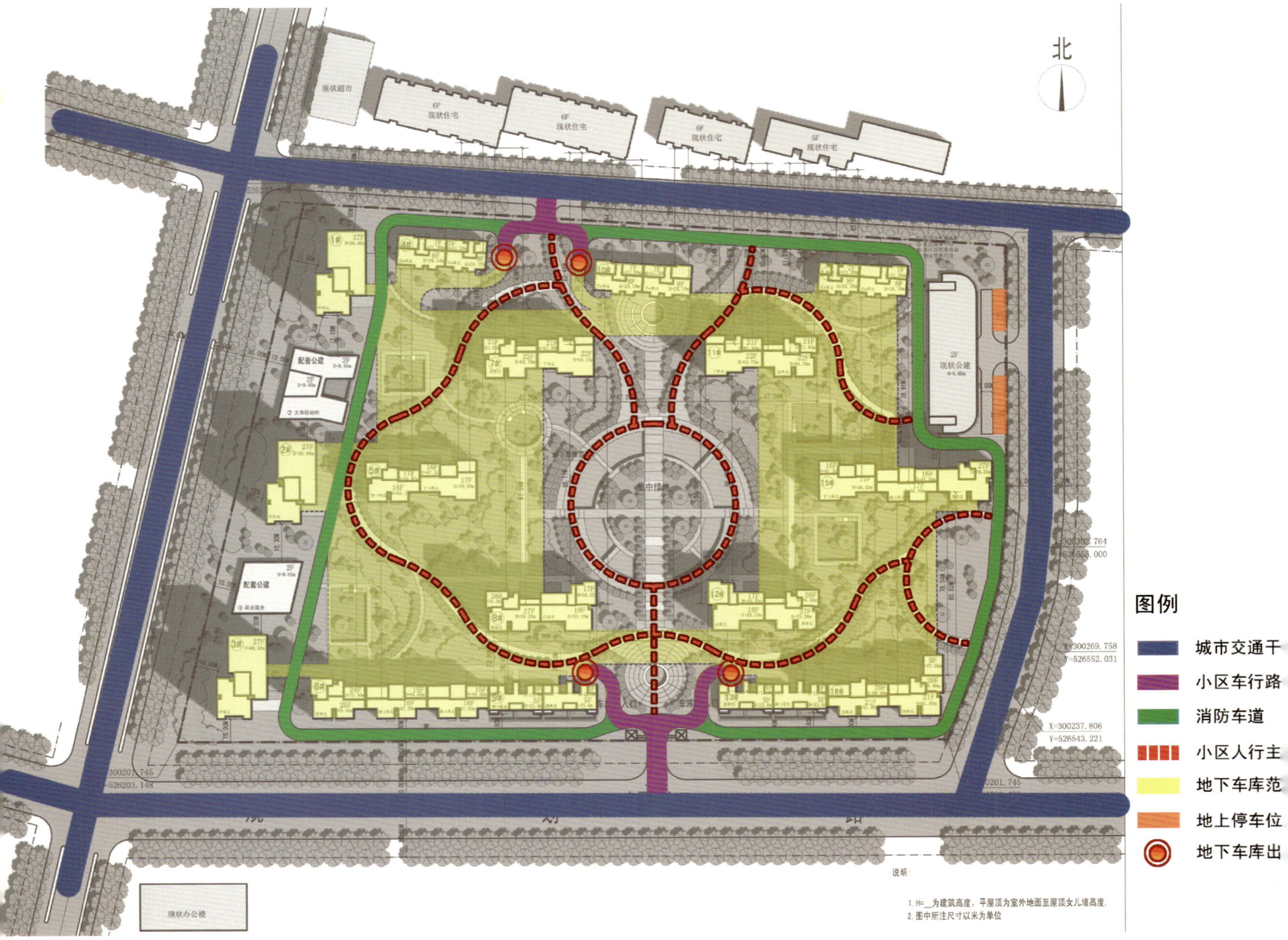
北
现状超市
6F
现状住宅
5F
现状住宅
2F
现状公建
配套公建
现状办公楼
图例
城市交通干
小区车行路
消防车道
小区人行主
地下车库范
地上停车位
地下车库出
说明:
1. H=__为建筑高度，平屋顶为室外地面至屋顶女儿墙高度.
2. 图中所注尺寸以米为单位

景观设计

小区以微地形为主要景观设计手法。全区绿化景观由中心绿地、庭院绿地、入口广场绿地构成。中心绿地位于小区中部，为实土绿地，以乔木草地为主，穿插水系广场，是小区居民主要健身活动场地。

庭院绿化位于地下车库以上，覆土为1.8～2米不等。每个庭院内设一个下沉式绿化庭院，与地下车库连通，改善车库采光通风条件，增加了车行出入小区的景观效果，丰富了庭院绿化的层次。入口绿化以广场铺砌为主，强调居民回家的归属感，起到舒缓情绪的礼宾性作用。

交通组织

小区设南北两个出入口，与城市道路相连。两侧主入口处设集散广场，易于人流车流组织引导。为使小区景观最大化，尽量减少不必要的地面车行道路，地下车库出入口临近小区出入口，小区车辆可直接进入地下车库，减少车行对景观的影响。

小区停车按2户1辆配置，车辆全部设于地下，并与住宅地下室连通，居民可直接入户。小区自行车按1户2辆配置，设于住宅地下室。

开发商：恒达集团有限公司
设计单位：TONTSEN建筑设计事务所（美国）
上海方大设计事务所

项目地点：鹿城汤家桥南路与瓯海大道交叉处
占地面积：36 384平方米

建筑面积：71 315平方米
采编：盛随兵

法式宫廷建筑外观　生态湿地公园景观

温州铂金家园

破局思路：铂金家园依托三垟生态湿地这一景观资源优势，将法式宫廷建筑与中国传统园艺相结合，将建筑肌理与湿地生态公园有机融合，打造了一座高档生态家园。

开发背景

铂金家园位于汤家桥为轴的杨府山CBD区，一头连接温州滨江高档住宅区，一头连接市核心商业区。高档住宅带形成了温州城市环路状的便捷富人区，以瓯海大道为交通港连接大枢纽，已明确呈现了沿汤家桥路向南发展的格局，铂金家园就处在这个黄金走廊的核心点。

前期构思：绿化均分

铂金家园与东南沿海最大的城市绿心、严格保护的生态绿肺——三垟湿地零距离接触，与三垟湿地共饮同一条水、共享森林氧吧、共赏生态美景。三垟湿地是温州城市的生态公园，面积11.41平方千米，比西湖大2倍，是东南沿海最大的城市绿心。

铂金家园以绿化均分的设计理念，悉心规划了社区内11处主题式园林景观，让业主犹如置身于法兰西风情的异域公园之中，深切感受三垟湿地的自然生态、建筑与人的和谐共生，倾情演绎法国贵族生活的浪漫情怀。南北通透的短板式结构，景致四面开扬，视野开阔，户户多处景观大阳台，与自然亲密接触。

核心特色：建筑与湿地生态有机融合

铂金家园为低密度的纯小高层围合社区，与三垟生态湿地亲密接触并形成双面临河的格局。项目集萃法兰西经典建筑技法，秉承中式生活情感，将建筑肌理与湿地生态公园有机融合。

同时，拟采用高科技水源热泵恒温技术，在地下水源中预埋热交换管，全方位通达室内，常年维持人体舒适室温，无噪音。纯天然的恒温技术，为这座生态家园注入了高科技的元素。并且设计了平层官邸和空中别墅等多种尊贵户型，奠定了铂金府邸高端生态豪宅的尊者地位。

立面材质

建筑立面采用高档石漆外墙材料，精彩演绎路易王宫建筑的典雅与经典，于温州再现法兰西贵族时代的尊者气象，散发着难以掩藏的华贵本色。

会所设计

会所整体采用欧洲新古典主义的设计，并配置高档石材的装饰。整个空间以黄色调为主，墙面的黄色瓷砖天然纹理厚实而流畅，仿佛划满了时间的痕迹，为整个空间带来一种大气磅礴的气势。会所作为住户之间的交流平台，让住在同一社区，相互不认识的邻居走到一起，在健身、娱乐活动中彼此认识，提升邻里文化。

开发商：长沙创远置业有限公司
建筑设计：长沙有色冶金设计研究院有限公司
湖南省建筑工程集团设计研究院

项目地点：长沙市开福区鹅羊山公园南侧
占地面积：631 700平方米
建筑面积：957404 平方米

容积率：1.33
绿化率：48.2%

供稿：长沙有色冶金设计研究院有限公司
采编：张兰

依山就势布局　造理想生态大宅

长沙湘江一号

破局思路：项目充分利用“亲近生态，接驳繁华”的地理特征，以湘江、鹅羊山为背景巧妙布局，结合中央保留的山地公园和现状地形，依山就势布置赖特式现代风格独栋别墅、双拼别墅、叠加别墅等产品，打造高端人文生态大宅。

开发背景

湘江一号位于长沙市开福区芙蓉北路与创远路交会处，北靠千年道家福地鹅羊山，西临湘江大道，眺望如一弯修长的新月吮吸湘水的月亮岛，东接芙蓉北路，距离伍家岭商圈仅10分钟车程，是长沙上风上水的风水宝地。

该区域作为市政府“一江两岸、拓南兴北”战略的重点开发区域，目前随着新河三角洲“两馆一厅”等城市综合配套以及区域内数十个高端物业地相继开发，区域渐成高端、纯粹、生态、国际化的大美之境。

项目概况

湘江一号是创远集团实践生态地产开发理念的重彩之作，规划总用地约160万平方米（含鹅羊山生态公园），规划总建面积近百万平方米，其物业涵盖别墅、高层洋房、国际公寓等顶尖物业。项目内部规划有国际双语幼儿园、贵族式小学、国际化商业街区、超五星级生态酒店、会员制私家会所等高尚物业配套。

核心特色：江景资源最大化利用

项目所在地块多为丘陵山地，是东高西低、北高南低之地势，大多为植被所覆盖，农田庄户极少，是天然的自然资源与理想生态住宅区。

项目总体功能的分布为三个部分：东部商务组团主要为城市商务功能配套区，产品类型包括五星级酒店、SOHO办公、小户型公寓、配套商业等；中部组团和北部组团规划为低密度住宅区，涵盖独栋别墅、双拼别墅、叠加别墅等；西北部组团和南部组团为高档高层住宅区。在建筑布局中充分考虑了江景资源利用最大化的原则，细致到单体的开窗角度和观景阳台的设计。通过多条视觉走廊，让绝大部分高层住宅能充分享受江景资源。

总平面图
湘
江
大
道
金
霞
大
道
幼儿园用地
4801平方米
小学用地
13824平方米
分期示意图
I期
II期
III期
IV期
图 例
室外标高
室内标高
铺 地
园林绿化
护 坡
规划建筑
道 路
挡土墙
人防地下室
设计说明：
人防面积分布表
居住小区用地平衡表
技术经济指标表
I期技术经济指标：
II期技术经济指标：
III期技术经济指标：
IV期技术经济指标：
面积配比表：
长沙有色冶金设计研究院
C4067SQ1-02
总 平 面 图

建筑设计

项目一、二期建设的为中部组团的低密度住宅区，容积率仅为0.4左右，结合保留的内部中央山地公园和现状丘陵坡地，依山就势布置赖特式现代风格独栋别墅、双拼别墅、叠加别墅等产品，建筑面积在253至762平方米之间。独立别墅围绕中央山体公园层层退台，形成富有情趣的台地庭院空间；双拼别墅的设计嵌入了南方传统民居元素——“天井”，天井里盛载了四季气候的变化，使建筑与自然共呼吸。

室内设计

室内空间把传统的中式元素加以简化和提炼，形成一种新的中式风格。整个设计手法极为简洁，“以纯为美”的用材理念与简约的奢华风格浑然天成。运用清新自然的材料，营造一个现代、简约、奢华的室内空间。

景观设计

强烈原生态的体验感受与传统人文积淀的氛围营造相结合，创造出湘江一号独特的景观意象。在大尺度的山水环境、精心保护的山体与原生树木的地景上不露痕迹地植上茶园、竹林和本土乔木，修复自然的同时巧妙配置滨水平台、林中栈道、叠水瀑布、醒心泉畔等景观。

醒心泉

开发商：浙江大学科技园方易建设发展有限公司 建筑设计：浙江省建筑设计研究院	景观设计：阿拓拉斯（北京）规划设计有限公司 项目地点：杭州西湖竞舟路45～53号	占地面积：27 820平方米 建筑面积：80 478.71平方米 容积率：2.89	绿化率：30% 供稿：阿拓拉斯（北京）规划设计有限公司 采编：蒋四玲

露台景观设计　打造风景社区

杭州方易西鉴枫景

破局思路：设计师将山、河、湿地等自然生态进行了有机整合，以不同的组合方式打造出露台、游泳池、水景、广场、林荫、凉亭、架空层等景观细节，打造了城市景观与自然景观互相渗透、开放空间和私密空间自然转换的露台景观。

开发背景

方易西鉴枫景地处天目山路和竞舟路交叉口西北角，正对国家大学科技园，属泛浙大文化圈核心领地。项目南临沿山河，与老和山相望，有灵溪隧道穿行直通西湖和灵隐风景区，东临世贸、黄龙高尚人文商务区，西邻西溪湿地保护区，北有文三西路等繁华成熟的街区，属城西核心区域的最优位置。

规划布局

项目依山傍水的地理位置造就了“小桥流水人家”的环境氛围，建筑好像是一座座山，水面点缀于山前山后，水边的空间形成一个个大小不一、形式各异的露台。

小区规划布局合理，出入口位置选择适宜，内部空间富有变化；道路系统采用人车分流，机动车非机动车全部纳入地下交通停泊网络。而地面空间规划为景观绿地，成为纯粹的居家庭院。底下交通畅达，既不干扰住户又结合门禁系统把公寓的安全私密性发挥极致。

核心特色：全佳视角景观，步移景异的景观效果

景观设计特别邀请了日本景观大师小林治人先生进行创意设计。一主多副的连续布局和独特的建筑形体，让自然界的风、光、影最大限度地照顾到各个单位间的景观视角。

社区景观节点设计，结合水系的变化，在水边形成大小、形状不一的露台，营造“小桥流水”的环境氛围，社区景观还通过精心调配与修造，体现丰富的植被层次，更使社区环境随季节的交替变化，呈现不同的视觉美感。

迎宾入口—轴线（道路、园路）—广场加之用自然的基本元素构筑的露台、地标、架空层、景观小品、景观游泳池等景观

细节，形成社区的景观秩序。通过景观尺度的小型化、近人化创造出丰富多变的景观效果。

私人庭院

私人庭院与小区绿地通过植栽软性分割以确保私人空间的领地性。半地下的房间前不放置任何遮挡阳光、阻碍空气流通的物品，确保从半地下的房间可以观赏到地面的景色。

WESTERN
LANDSCAPE
华太物业
工作进行中
请注意安全
MICAWA 美加华
中国卫浴专家

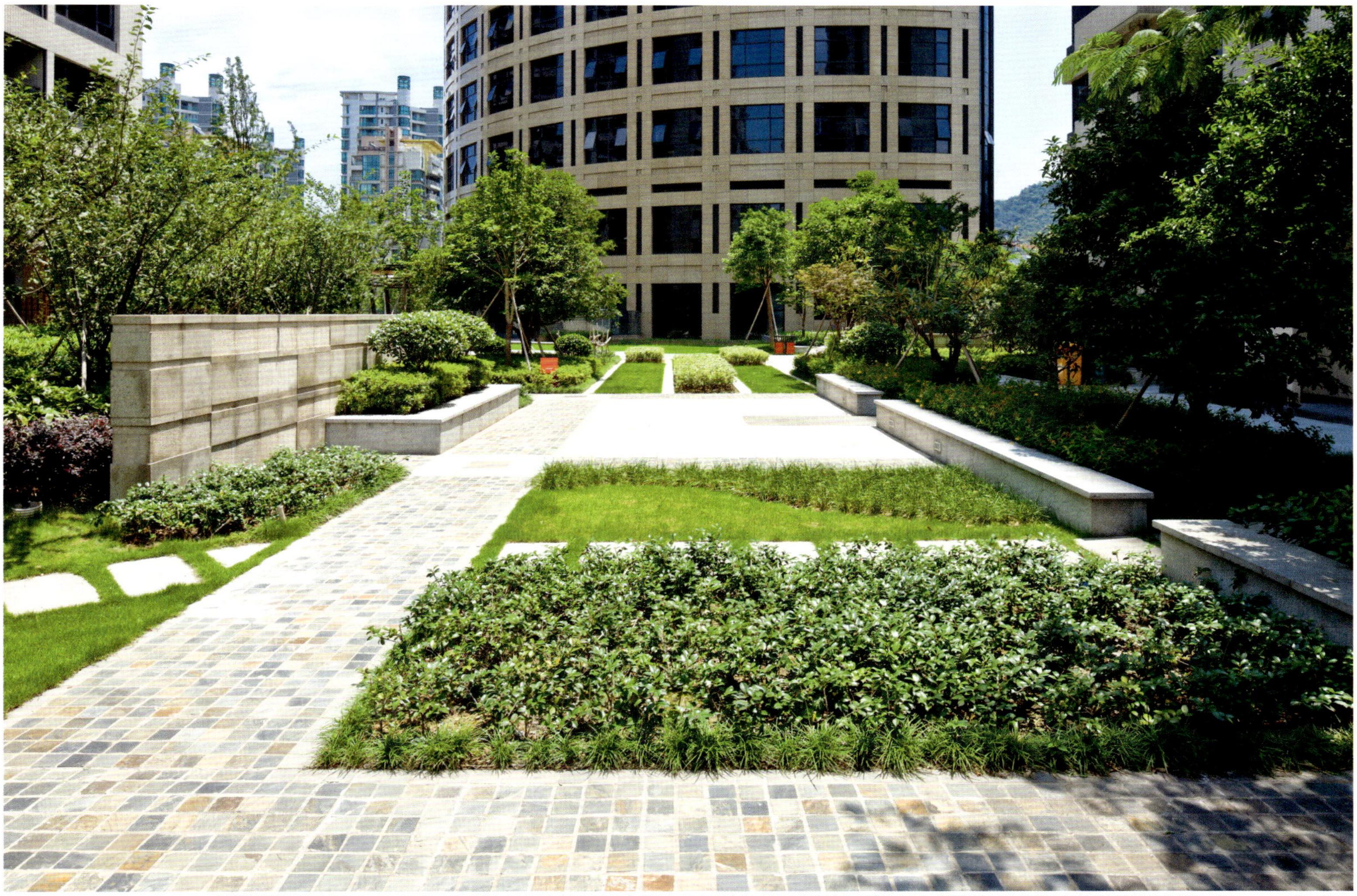

简约建筑风格

方易西鉴枫景的建筑秉承现代建筑简约的风格，通过弧面和线条的组合，演绎明快的节奏。大面积的通透设计和灵动的屋顶构件设计，形成了视觉和心灵的感应。大量的架空层设计，增加了社区的交流空间。建筑设计布局宽松，层次分明，错落有致。

材质运用

项目在建筑选材上十分讲究，断桥阻热铝合金窗，双层中空玻璃、自平衡式新风系统，东芝品牌电梯、金属釉面外墙砖等材料的使用，提升了居住品质，保证了居住的健康与舒适。

开发商：青岛宇信置业发展有限公司 建筑设计：A+K International	景观设计：The LCW Group 占地面积：100 000平方米	建筑面积：2000 000平方米 容积率：0.32	绿化率：50% 采编：刘玉娜

依托湖山景观　构筑生态复合社区

青岛麗山国际

破局思路：项目将别墅建筑、生态庄园及即墨东部新城周边的湖山景观衍生融合，营造出有人文意境的湖山小镇景观，赋予庄园欧洲庄园式情调，将项目建设成为集欧美建筑风格于一体的世界级醇美生活小镇。

开发背景

麗山国际位于即墨市东部鹤山路以北，顺应即墨市东扩的发展趋势，抢占了新区规划400万平方米新城的制高点。项目围绕盟旺山风景区块，200万平方米的造镇计划展开。

项目概述

麗山国际一期北美原著位于麗山会馆区块，占地面积约100 000平方米，地上建筑面积约30 000平方米。由103套独栋别墅组成，户型面积从240～360平方米不等。

麗山国际二期位于麗山国际四季会所的东侧，紧靠天鹅湖、林雨溪和白桦林，南临鹤山路，东邻南北景观路，北临东西景观大道，总占地面积近150 000平方米，共建造了202栋别墅。

整体规划

项目整个地块东西长2.5公里，南北宽1.5公里，总占地约200万平方米，包含北部60多万平方米的生态庄园、200 000平方米的自然湖面、20 000平方米的山体公园、及120 000平方米的商业步行街、5 000平方米的麗山会馆。

整个地块由南北景观大道及东西主干道自然分割成4个区块，其中居住区块包括西北侧的山体公园区块，西南侧的麗山会馆区块，东北侧的湖泊公园区块；生活配套区块分为两个部分，分别是东南侧的市政中心区块和北侧生态庄园区块。

核心特色：千亩生态庄园

麗山国际生态庄园在一期别墅区东北侧，占地千亩，融入“自然、唯美、田园”的景观理念，集观光、旅游、休闲、度假于一体，是岛城独具特色的体验式生态庄园。

庄园规划有开心果园、开心菜园、开心花园、药用植物园、荷塘鱼韵、儿童牧场、紫竹林、宠物会所、竹林鸡舍、农特基地等优势配套，营造醇美的欧式庄园生活情境。农庄建筑以古朴木石、玻璃结构为主要外观形象，使建筑和农庄完美地融合在一起。

会馆结构

一期麗山会馆，采用赖特风格建筑手法，共设有上下两层，整个设计理念巧妙地利用了原有的地势高差，将会馆与原生态湖完美地融合在一起。

会馆立面

整个会馆采用的是北美简约建筑风格，以木、砖、石等自然元素为主要建筑材料，无不体现出项目对自然、环保居住理念的追求。

59

麗山國際
60

景观设计

二期景观设计与一期相同，同样由贝尔高林倾力打造，结合二期地貌特点，将二期原有的自然水系进行拓宽改造，使其贯穿整个社区，将项目景观环境提升到新的层次。

二期整体地势北高南低，设计师也充分利用这种地源优势的特点，围绕二期的整体规划，打造了“两纵一横”的水系景观带，“豪宅”“院落”围绕中央水系依次展开。

户型设计

二期共有7种户型，由一期的畅销户型A、B、D、E和创新型NA、NB、NC组成，户型面积从240～400平方米不等。NA户型的特点是有内庭院，超大面宽，并附赠双下沉式庭院，紧临天鹅湖，可以将一期景观区的湖景景观尽收眼底。NB户型的特点是开间最大，会客厅为八角设计，上面有开窗，可以拥有最大面积的采光面，八角会客厅的设计同时可以270° 观赏美景。NC户型的特点是南侧临水，再加上一层的廊柱设计，展现了豪宅院落的奢华品质。

INTERNATIONAL STREET BLO

国际Block街区

先进 所谓国际BLOCK街区，是目前国际上较先进的一种楼盘开发理念。BLOCK是由5个英文单词的首字母组合而成的，分别为：B-Business（商业）、L-Life allow(休闲)、O-Open（开放）、C-Crowd（人群）、K-Kind（亲和）。简单概括，就是居住和商业的集中融合，街区既要提供居住，又要有丰富的商业配套和休闲配套。

共生 BLOCK街区不是单纯意义上的配套完善的大型住宅街坊，其要点是相对较小的尺度、混合功能、良好的步行环境。它们往往以商业规划为核心，不同类型与尺度的建筑多样化共生，体现了居住与环境新的结合关系，把人们从传统的封闭围合式居家中引导出来，极大丰富了人们对新型居住的需要，提供了一个更适宜居住的标准与模式。

尊重

在国内，此类项目以新国际BLOCK街区生活为范本，结合中国人居理念进行社区规划。首先，它对居住者充分尊重，所有建筑功能、布局、距离、尺度、景观都以非常合适的角度来实现，一切围绕居住者的功能性需要来展开；其次，它保留了城市的合理记忆和文化沉淀，对城市中心进行合理化改造。

便捷

与现代都市建筑中众多体量巨大的建筑物相比，BLOCK拥有小巧且更加舒适宜人的步行空间，最大限度地使住宅居住功能便捷化。BLOCK街区满足的是人的浅层及深层需求，是一种新兴的复合社区形态。

开发商：杭州中江置业有限公司 建筑设计：杭州江南建筑设计院 景观设计：杭州天元建筑设计研究院有限公司	项目地点：杭州天城路与新风路交叉口（火车东站北） 占地面积：约92 000平方米	建筑面积：约340 000平方米 容积率：2.8 绿化率：30%	供稿：杭州中江置业有限公司 采编：卓羽　张兰

引入HOPSCA理念　打造国际化商业街区

杭州中凯·东方红街

破局思路：项目采用国际复合规划，引用前瞻HOPSCA理念，打造18栋薄板式建筑。20 000平方米景观园林，由采用先进人工生态湖技术的双“S”水景潺潺贯穿。大型商业体、两条主题步行商街，配合城东新城之规划理念，功能之间形成呼应。

开发背景

中凯·东方红街位于杭州火车东站北侧，距武林广场约5公里，距钱江新城CBD约4公里，占据“城东新城”核心位置，无缝衔接枢纽西广场以及高铁与地铁双重交通节点。吴越水岸商务城、长三角商务城、东都会广场、大东门时尚商街、皋塘运河双铁生活体、明石双铁生活体、彭埠双铁生活体等八个大型综合体环绕左右，集纳城市核心优势资源。

前期构思：“嵌入式”规划

在项目规划初期，结合特有的区位优势和项目规模，以及未来的区域发展大势，在规划建设上前瞻性地引入了HOPSCA理念，打造“吃、穿、住、用、行”全方位一站式补给的居住生活，体现集居住—购物—休闲—体验式的复合形态。

项目规划设计以一种全新的姿态，直接“嵌入”区域环境中，凭借巨大的开发体量和丰富的物业形态，开创性地带动周边的改造步伐。

核心特色：“π”形围合，双S灵动水系

三期商业项目红街广场，由5个建筑单体呈“π”形围合而成，3栋两层独栋商业体和2栋19层Z式高层塔楼沿南北方向排列，融合城东新城前沿建筑特色，与枢纽广场浑然一体。

建筑外墙采用保暖立面设计，室温舒适，并有效节省室内能源，外型美观的窗体，具有防噪、抗风抗压、隔热保温、坚固耐用等优异性能。同时，南北通透的短进深楼体，保证了建筑良好的通风采光性能。

尤其值得一提的是，东西贯穿的中央园林由外部商业文化空间起始，经双S灵动水系到达各户庭院，形成由动到静的生态式体验。

Benetton
CLUB
Days
GIORGIO ARMANI
Lee
D&G

PRATS

阳光户型

60～160平方米主流舒适户型，集合面积紧凑、极佳的通风采光、高舒适度三大优势。丰富的户型结构，功能齐全，动静合理分区的空间设计，充分满足不同消费者需求。全明通透，全南向设计，大部分户型南北通风，创造出更多阳光户型。大部分户型拥有宽大阳台或露台，为居者打造自在舒适的生活空间。

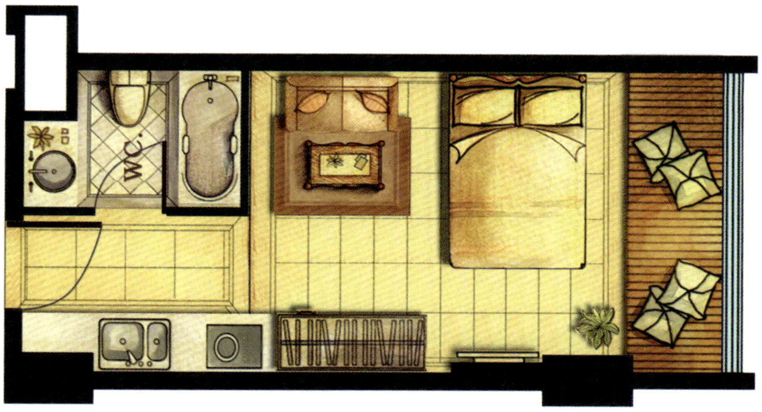

开发商：金地集团
建筑设计：上海柏涛建筑设计咨询有限公司
项目地点：上海市宝山区市台路515弄50号

占地面积：91 359 平方米
建筑面积：255 167平方米
容积率：2.0

绿化率：30%
供稿：上海柏涛建筑设计咨询有限公司
采编：盛随兵

共享BLOCK街　植入褐石风情

上海金地艺境

破局思路：金地艺境以开放BLOCK街区为设计理念，植入褐石风情。规划上通过SOHO街区、多层洋房及高层公寓的不同组团设置，构筑各元素，达到促进交流、避让不利的目的，演绎BLOCK街区的开放性、丰富性及成长性。

项目概况

上海金地艺境位于宝山顾村板块，是一个近200 000平方米的国内原创褐石BLOCK街区，将延续半个多世纪的美国褐石风格，引入现代上海生活的视野。产品类型为SOHO商业、多层洋房和高层公寓，组成了“开放式BLOCK商业前区”、“多层街区组团”、“高层超级花园”三大组团。

前期构思：立足BLOCK街区化

前国内新建住宅社区多为封闭围合管理，品质较高但与城市街区完全隔绝。本项目南侧即为典型的此类住宅小区，建筑体量较大且封闭管理。本项目的初衷就是试图避免这种社区与城市街道空间的割裂现象，因此在规划中坚持了“打倒SOHO”的原则，将前区商业从高层点式SOHO演变为多层开放式BLOCK商业组团，打造尺度可控的开放BLOCK街区，体现了居住与环境新的结合关系。

设计理念

项目结合国内实际情况，将前区商业体量多层化、街区化、开放化，形成居住、休闲、娱乐、商务多功能组合的混合开放社区形态，试图营造可持续发展的良性BLOCK街区生态。

规划布局

前区商业布置以3～5层的SOHO组团，房型设计将居住与办公功能合为一体，提供区域创业型办公形态。底部设置场景性商业，营造主题化和情调感。同时设置一些为居民们生活细节服务的配套设施。中部以多层住宅为主，以BLOCK街区形式布局，强调情景化、生活化的概念氛围，构建一个相对独立的街区式居住感受。高层居住组团位于规划东北角，体现超级花园特色，尽量形成超过普通楼间距的人车分流的大型花园。

核心特色：混合开放社区形态，演绎褐石风情

项目通过SOHO街区、多层洋房及高层公寓等组团，强调参与性、共享性、成长性、可变性。多层住宅产品的引入达到提高区域整体品质的目的，而高层公寓独立组团设置减少对城市空间的压迫感。最终营造内部私密含蓄、外部具有怀旧风情的综合型新社区形象。

建筑风格取向定位于与上海同样具有海派文化底蕴的纽约及波士顿褐石街区。立面局部适当运用坡屋面、本土建筑石材、简洁的线脚等，塑造一个暗含古典怀旧韵味而又充满现代气息的人居空间。着力打造建筑细部，通过外墙线脚色彩的深浅、屋面、檐口、飘台等细节处理，最终形成经典优雅的风格。

编号:20091208032(上海格林风范房地产
园
庆
路
N
5
15
10
50
单位:米
2009版

立面设计

项目立面以纽约及波士顿褐石街区为蓝本，滤去硬朗粗犷，保留高贵典雅的品质，把褐石街区的元素糅合进现代建筑的表情之间，结合上海的文化底蕴，在挺拔中凸显细致优雅。

景观设计

在社区景观建设上，金地艺境以树为门，以花引途，6大主题景观组团，3重私人花园庭院，为业主打造高品质景观绿化。

户型设计

洋房入户大堂两层挑空，电梯入户，营造私属入户空间。洋房户型每层均赠送实用露台，丰富了室内空间。

高层公寓户型争取住宅均好性，主要用房有最佳景观朝向，采光、通风俱佳，户型实用化。套内交通组织顺畅，拥有良好的自然采光、通风条件，无暗区。

户型设计结合结构、设备专业统筹考虑，梁、柱布置合理考虑主户使用的灵活要求，竖向管线、住户设备尽量隐蔽布置，以减少对平面功能的影响。

开发商：杭州远洋天祺置业有限公司 建筑设计：缔博建筑事务所（新加坡）有限公司	景观设计：雅卓信国际有限公司 项目地点：杭州市丽水路101号 占地面积：约52 000平方米	建筑面积：约220 000平方米 容积率：2.6 绿化率：30%	供稿：杭州远洋天祺置业有限公司 采编：蒋四玲

多功能融合模式 勾勒纯正国际街区

杭州远洋公馆

破局思路：项目通过建筑的结构形态、外立面、居住空间、景观绿化等全方位塑造和规划，将商业、商务、生活、休闲功能以最密集而高效的模式融合起来，使未来空间优势超越传统城市中心，改变人们对城市空间和生活价值的认识。

开发背景

远洋公馆项目是杭州市重点建设的城市综合体之一，它将承担城市区域核心的功能，不仅拉动周边产业的发展，提升区域的产业凝聚力和居住品质，而且将形成商务、生态、休闲、文化消费为主的杭州城市副中心，使“运河商圈”与“西湖商圈”、“钱江新城”共同成为杭州主城区发展的三个“核芯”与引擎，确立杭州都市化的新版图。

项目概述

远洋公馆位于杭州“运河商圈”的核心区域，规划总建筑面积约220 000平方米，由东、西区两部分组成，将被打造成融合了商务贸易、商业金融、文化会展、居住、休闲娱乐等多功能的超五星级综合商圈。项目涵盖了高档住宅、超5A级写字楼、酒店式写字楼、高端商业综合体、五星级酒店、特色酒店。

核心特色：“立体回游森林”构成，通道树型体系

远洋公馆遵从了国际都会的城市模型，其外围三大公园、一条运河形成规则的绿带环，犹如一圈绿带围绕着内部建筑，成为稀缺的“城市森林”。

除了外部空间的打造以外，在园区内部，远洋公馆还创造了“垂直花园都市”绿化系统，通过地面至屋面的多种多样的广场、街道、绿地，形成了“立体回游森林”。

西区结合西侧运河景观，采用自然舒展的浪漫主义风格的自由布局，自由流畅的水景动线、环楼而设的私家花园，将自然人居理念展现得淋漓尽致。而东区则结合方正的地形，以欧洲古典建筑“中轴对称”的设计理念为基础，营造大气稳重、端庄典雅的花园式住宅社区。

此外，项目通过独有的地下专属通道，无缝连接商业Shopping mall与住宅，实现商业繁华与居家宁静瞬间切换。并派生系列专属商业送达、配送服务，成为通道树型体系的有机组成部分。

设计风格

远洋公馆精装修设计风格以低调奢华、优雅、精致、经典的新古典设计手段，着意把西式古典设计元素与现代的设计理念进行结合，以大气精致、端庄典雅、华丽内敛为其设计风格。

室内空间

远洋公馆280～350平方米大户型设计，包含3～4个套房，科学照顾各个年龄段家庭成员的私密空间；独立入户门，使保姆的生活空间亦得到有效尊重。同时，在精装修标准上，引进国际高端品牌厨卫家装，厨房包含嵌入式电烤箱、全嵌式电蒸炉、垃圾处理器；卫浴间配备镜面电视、高端品牌智能马桶，让家居体验更加舒适愉悦。

ORGANIC VILLAS
有机别墅

协调 提到有机建筑，赖特是不得不提的人物。他被公认为是世界上最伟大的建筑师之一，他认为，建筑应在人类与它所处的环境之间建立联系。有机建筑是赖特反复宣扬的建筑观念，“活”的观念和整体性是有机建筑的两条基本原则，体现建筑的内在功能和目的。体现材料的本性是有机建筑在创作中的具体表现。随着基地的自然特征，建筑就像在它的基地自然生长出来那样与周围环境相协调。

融合 有机别墅这类住宅大多坐落在郊外，用地宽阔，环境优美。建筑从实际生活需要出发，在布局、形体以至取材上，特别注意同周围自然环境的融合，形成一种具有浪漫主义闲情逸致及田园诗意般的典雅风格。

建构

有机风格别墅追求表里一致性，建筑外形尽量反映出内部空间关系，注意建筑自身比例与材料的运用，造型效果犹如植物覆盖于地面一样。在结构上，往往利用垂直方向的烟囱将高高低低的水平墙垣、坡度平缓的屋面、层层叠叠的水平方向的阳台与花台及舒展而又深深的挑檐统一起来。在用材上，通常以砖木结构为主，尽量表现材料的自然本色，重点装饰部分的花纹大多是图案化的植物图形或由直线组成的几何图形。

典范

如上海观庭别墅，无论是外立面的风格，还是原材料的选择，都恰如其分地体现出赖特“有机建筑”的精神内质。又如北京旭辉御府，以材质本体的颜色赋予建筑纯粹的自然之美，以还原自然的手法，御制中国的有机别墅。

开发商：杭州朗华置业有限公司 建筑设计：上海日源建筑设计事务所 项目地点：余杭区良渚良渚文化村核心区	占地面积：60 472平方米 建筑面积：50 000平方米 容积率：0.80	绿化率：30% 供稿：杭州朗华置业有限公司 采编：卓羽

薄板建筑设计　多重立体园林

杭州朗诗·美丽洲

破局思路：朗诗·美丽洲是朗诗科技住宅的最新产品，集赖特的有机建筑理论与安藤忠雄的现代主义智慧于一身。高进深、大面宽的薄板设计，开创了杭州薄板别墅的先河；多重视觉绿色园林及首创别墅低碳生活，使其成为真正意义上的绿色科技与自然联姻的新型亲地别院。

开发背景

朗诗·美丽洲位于良渚核心区域，西依梧桐山，东望美丽洲公园，与良渚文化村连为一体。项目近邻良渚博物院，同时坐拥5个湖泊、6个郊野公园、25座山脉，静享300多万平方米原生山水。新104国道和古墩路延伸段便捷连接市中心，更有君澜酒店、安吉路小学、玉鸟流苏商业街等多重配套，宁静与繁华兼得。

前期构思：打造绿色可持续住宅

朗诗·美丽洲的开发理念与良渚的山水人文居住观相辅相成，以可持续发展理念为指导，首创别墅中的低碳生活。项目开发商不希望大家单纯将其产品理解为科技住宅，而是通过科技的手段，来实现绿色、健康、人性化、可持续的住宅，全方位打造真正让人住得舒服的绿色别墅。

核心特色

建筑设计：薄板建筑

在建筑设计上，朗诗·美丽洲也做了大胆的创新与突破。项目首推的双拼别墅，以极富个性的现代主义风格，实现与良渚文明的时空对话。立面采用石材干挂，简约大气的线条、高低错落的院墙，细致演绎前沿之美，让建筑成为生活的风景。

而8米进深、12米面宽的薄板建筑设计，更开创了杭州薄板别墅的先河，阳光和清风随时造访，增加室内明亮度和空气对流，摒弃传统别墅常见的因长进深引起的阴暗、容易滋生病菌等弊端，舒适体验无处不在。同时，12米面宽又是一道景观的视窗，300多万平方米森林绿海尽在眼前，山水如画，了然于胸。

景观设计：四重视觉的绿立方园林

在朗诗·美丽洲，四重景观视觉将为住户真实呈现一个层层递“景”的绿立方园林。

在社区公共园林上，朗诗·美丽洲南北入口广场可谓是整个园林的亮点。南入口广场翠竹摇曳，现代而极富个性的坡地会所与景观相得益彰，沿着会所旁的山涧溪流拾级而上，草木丰美，花团锦簇，清澈跌水潺潺而下，步移景异的意境油然而生。而若从北门而入，长长的景观林荫道将第一时间抢占您的视觉。园区内，每一条依据地形或弯曲而上或左转右环的之字形路旁，都种植着枝繁叶茂的各色树木。路边，户户家门错落而至，每一个院落都拥有一段专属的景观回家路，或揽激情跌瀑，或揽质朴木栈桥，或揽特色小品……

而朗诗·美丽洲西侧的梧桐山，将被打造成为您的私属后花园。绿意葱翠的良渚原生林木，在为您开启一道视觉盛宴的同时，更让您沉醉于时刻新鲜的纯氧呼吸之中。

同时朗诗·美丽洲户户拥享南向精装庭院，兼具观景与隔热功能的屋顶花园。科学细致的室内绿化解决方案，让您在一赏旖旎风光的同时，更盛享绿色生态带来的纯净与健康。

室内设计

室内设计采用简约新古典风格。新古典风格给人尊贵气派的感觉，同时采用简约的处理手法，又使室内空间具有亲人尺度。深棕色木质地板稳重大气，搭配同样色系的家具配饰，温暖而又和谐。

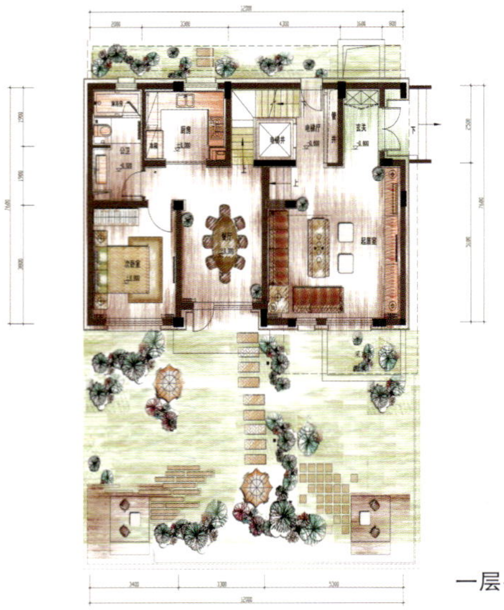

一层平面图

二层平面图

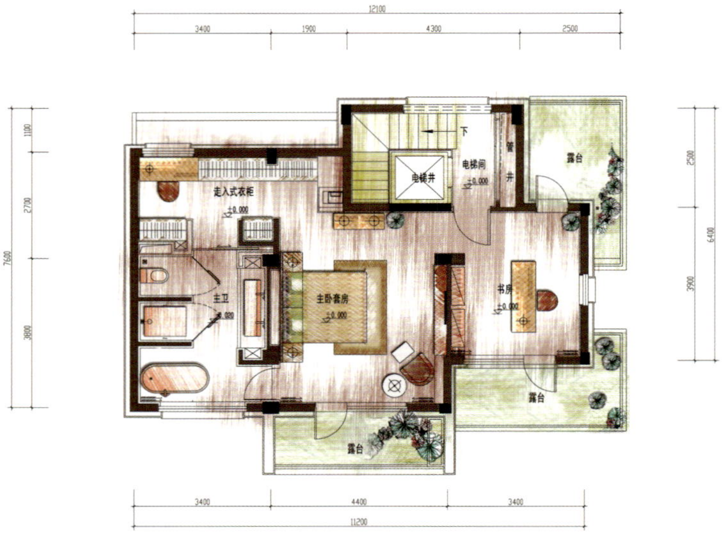

三层平面图

CELINE
THROUGH
THE EYES
OF THE
WORLD

开发商　旭辉地产 建筑设计：北京市建筑设计院秦禾工作室	项目地点：北京市大兴区兴盛街与乐园路十字路口西北角 占地面积：60 087平方米	建筑面积：171 844平方米 容积率：1.90	绿化率：35% 采编：蒋四玲

赖特建筑风格　七重景观格局

北京旭辉·御府

破局思路：旭辉·御府采用美国赖特建筑风格，将自然、平等、进取的美国精神融入建筑；以材质本体的颜色赋予建筑以更为纯粹的自然之美；以还原自然的五彩工法，御制中国的有机别墅。在景观打造上，也秉承赖特建筑理念，将草原式建筑特色与项目地块特色有机结合，打造层层深入的七重景观格局。

开发背景

旭辉·御府位于大兴区黄村新城北区，由旭辉·紫郡10号地及旭辉·紫郡23号地组成，旭辉·紫郡10号地北至翡翠城，南至后高路，西至西旺路，东至兴盛路。旭辉23号地北至金星路，南至规划路，西至兴泰路，东至兴盛路，距地铁大兴线高米店北站约2公里。

前期构思：让建筑顺应、表现自然

如何实现建筑与自然的和谐共融，如何让建筑超越单一的空间本身，恰如赖特的“美国风式”建筑所言，旭辉御府顺应和表现自然以达到美的境界，以建筑表达时代、生活和人类文明。

极具美利坚风情的“山”形坡屋顶、矮墙、长排窗、宽露台、勒脚，沿着简洁的几何形形式，勾勒出自然、唯美的建筑轮廓，完美对味

民主、自由的美国文化特质。90~240平方米左右的空间，撷取赖特“流动序列”的空间真意，经由玄关先抑后扬，豁然开朗；厨房、餐厅、起居室等大多数空间的开放式设计，不设明确的空间起始标志，同时部分户型的规划为双层空间，于移步换景中巧妙过渡社交、休闲、娱乐等多种生活形态，更与中国之“礼序”情怀相呼应，缔造出“内外有致、高低有序”的空间仪制。

旭辉御府
PRIVATE MANS

核心特色

建筑设计：美国赖特建筑风格

旭辉·御府采用美国赖特建筑风格，将自然、平等、进取的美国精神融入建筑，米色基岩、透明石，以材质本体的颜色，赋予建筑以更为纯粹的自然之美，以还原自然的五彩工法，御制中国的有机别墅。17万平方米建筑自然的生活标尺，旭辉·御府师法与自然和谐共生的建筑奥义，臻美园林以“漫步于密歇根湖畔的香草风情”为主题。其中，以花园洋房为主的香堤花郡，涵盖翡翠园、香溪园、馥桂园三园；以高端公寓为主的华登水郡，布局Magnificent商业街、华邸名门、枫亭蓝湾、名雕艺苑、私家花园五重景观；更考究内部休闲娱乐所需，设小区入口、中心景观、休闲绿地、交流活动、运动健身、儿童活动六大区，其专属“一湖三园五景六区’之园林规制，开启隐逸于繁花林海中的四季盛宴。

景观设计：七重景观格局

旭辉·御府秉承赖特建筑理念，在小区园林景观的打造上，将草原式建筑特色与项目地块特色有机结合。从橡树园到玫瑰庄园，从华登水郡到香堤花郡，小区多重景观层层深入，形成“园包房、房包院”、七重景观层层深入的格局。

第一重：外围屏障，园河相伴

北枕新凤河，环傍翡翠城公园、高米店公园、滨河公园、金星公园。

第二重：私属园林——橡树园

10 000平方米的私家园林——橡树园。5～6米高的坡度，冠以乔木、灌木、花草，并配有篮球场、瞭望台、广阔绿地，人与自然和生相伴。

第三重：华登水郡

密歇根风情商业街牵手露天泳池，感受从繁华到自然的舒适过渡。

第四重：香堤花郡

花园小径入户，尊享私属花园，为您开启感受大自然之门。

第五重：玫瑰庄园

鲜花簇拥“守护天使”，喷泉广场水声清扬，典雅与情趣之中，为您守护一方净土。

第六重：建筑之间的景观带，庭间花园

蜿蜒小径，百般小品，千般园趣，启迪人生的天然意味。

第七重：入户花园地下空间

私享超大入户花园，广纳四时之美。

室内设计

室内设计完全采用新古典主义的设计风格，细节中带有艺术底蕴。暗红是整个样板间常见的主色调，糅合少量白色，使色彩看起来明亮。

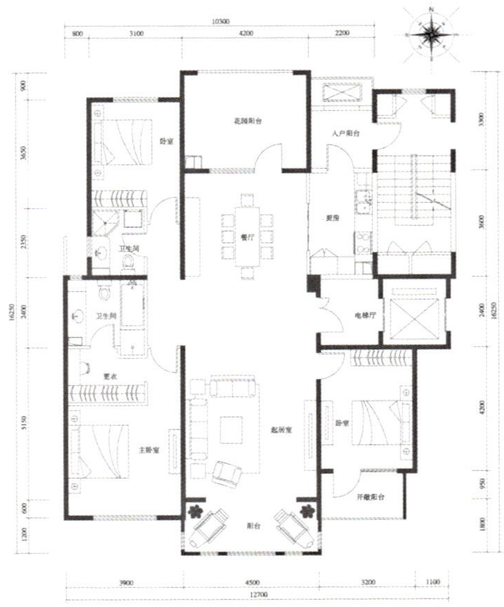

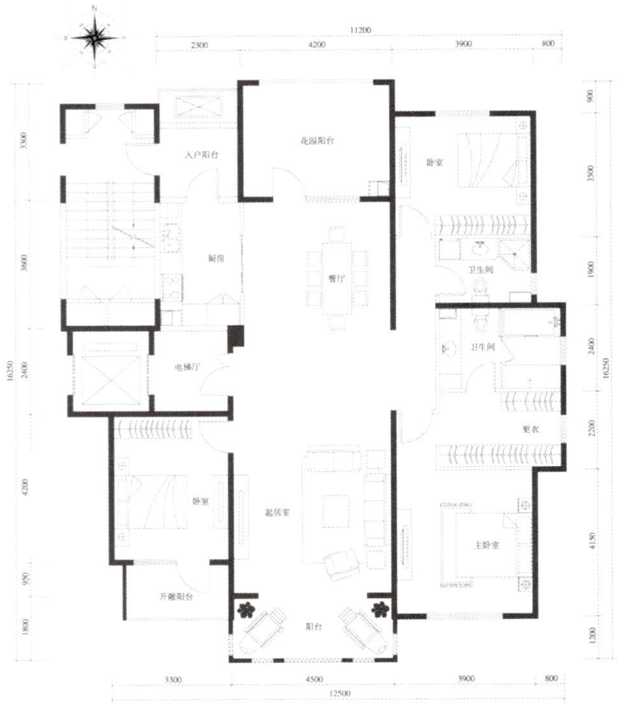

开发商：天津创建实业发展有限公司 设计单位：天津喜邦建筑工程设计有限公司 项目地点：天津市东丽区天津空港物流加工区西七道1号	占地面积：66 295平方米 建筑面积：32 470平方米 容积率：0.52	绿化率：46.35% 采编：刘玉娜

五大道风貌借鉴　草原风格本土化

天津凤凰墅

破局思路：凤凰墅在建筑风格上一方面借鉴"五大道"区域风貌特征，在尊重天津历史文化的基础上进行创新；另一方面又借鉴赖特的有机建筑，将其长处融入本土建筑当中，从而打造了一个与时代发展相结合的本土化优质别墅产品。

开发背景

凤凰墅位于集国家级开放区域与优惠政策于一体，汇新兴产业于一身的现代经济开放区域——"空港经济区"之中，紧邻"天津国际温泉高尔夫俱乐部"，拥有得天独厚的经济环境与天然资源。

前期构思：借鉴"五大道"建筑文化特征

项目应用凯文·林奇的城市五要素的分析方法，借鉴"五大道"风貌区区域特征，建构易于识别的环境的同时，从文化和意识形态方面创造一个特有的区域。通过分析"五大道"风貌区的城市意象五元素——道路、边界、区域、节点和标志物中的前四点，归纳出其特征，应用于本案。同时，分析出"五大道"特有的建筑文化特征，在设计中加以凸显，在创新中反映对文化的尊重。

核心特色：草原风格本土化

项目借鉴“五大道”风貌区区域特征，在建构易于识别的环境的同时，风格融合英式的院楼和有机建筑，应用本土材料，形成传统创新的新地域主义风格和特有的文化内涵。

项目在对建筑大师赖特的有机建筑进行借鉴的同时，建筑注意自身比例与材料的运用，利用垂直方向的烟囱和水平墙垣、平缓的屋面形成的对比，取得视觉冲击效果。同时，项目修正了草原式建筑的一些不利因素，如建筑设计中除关键部位外，出檐并不太深，窗子有所加大，这样光线充足，利于将基地北侧的高尔夫球场的优美环境纳入建筑中，是有机建筑风格与时代发展结合的优化产品。

项目在建筑细节上尊重传统，特别是细部特征与传统的工艺做法，传统中有创新，尊重文脉、尊重历史，营造了一个本土化的当代风格。

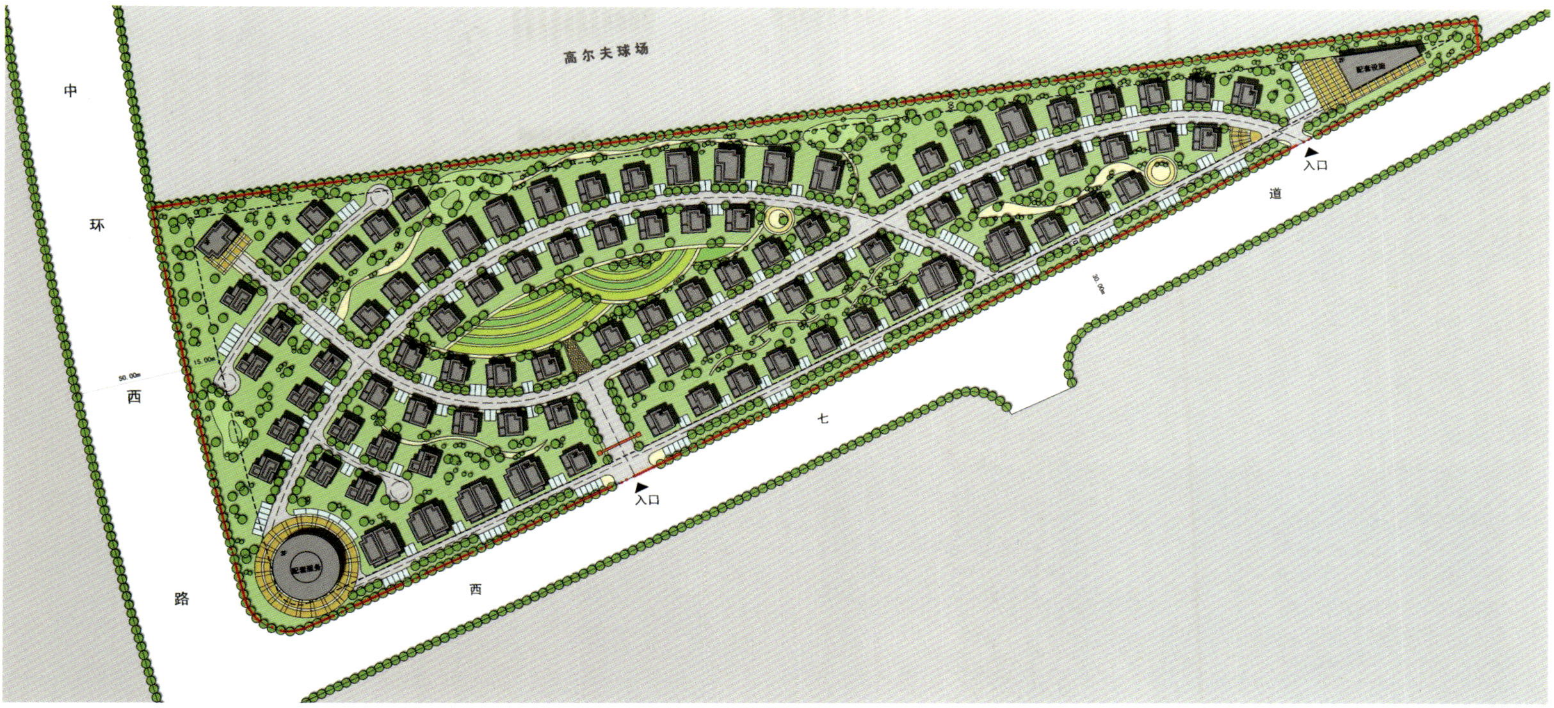

总平面图

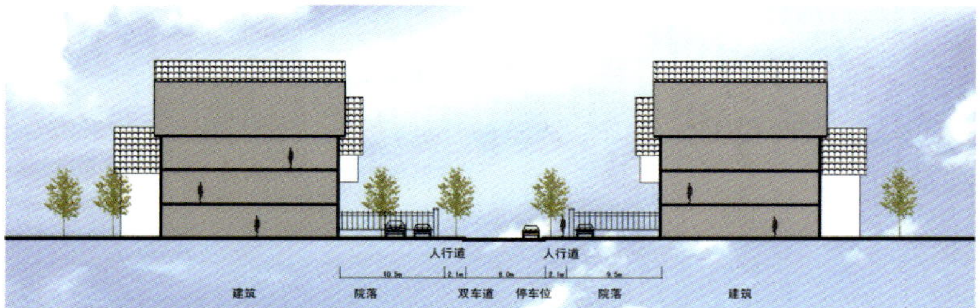

五大道部面示意图

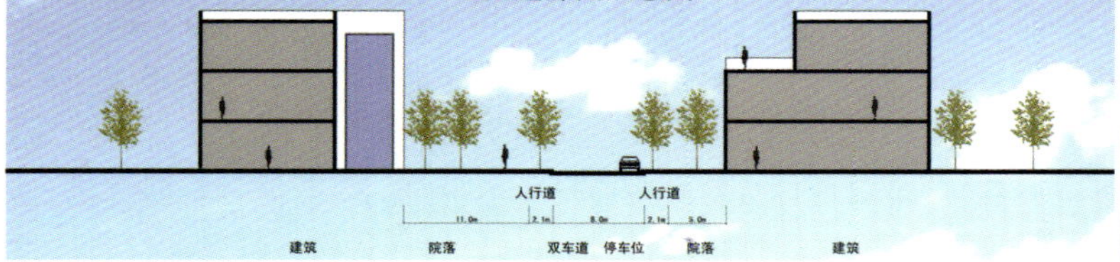

小区剖面示意图

立面设计

建筑立面设计提取“深挑檐”“横线条”的立面造型元素，材料以砖为主，色彩以暖色调为主，尽量表现材料的自然本色。

户型设计：功能灵活多样

各户型均设计了可采光的地下室，层高为3.3米，采光条件充足，通风防潮，功能多样、用途广泛。例如：可设计为私家豪华影厅，或者一间开阔的健身房，一个私人美酒窖、一个美式台球室、一个多功能会客厅，等等。

景观设计

区内“十”字主路交口周围为景观核心区，由水、绿化、公建、住宅、高尔夫球场等有机组合在一起，突出“清、净、广”的意境。规划南北向主路既为交通命脉也是区内景观带，线形流畅，刚柔兼备。

开发商：苏南万科 建筑设计：上海天华建筑设计有限公司 项目地点：苏州东环路干将东路长风地块	占地面积：48 713平方米 建筑面积：48 152平方米 容积率：1.0	绿化率：37.06% 供稿：上海天华建筑设计有限公司 采编：盛随兵

北美草原风格　还原古城文脉

苏州万科长风别墅

破局思路：万科长风别墅，以超乎寻常的魄力，让赖特式建筑风格和苏州园林的造园手法这两种伟大的建筑风格在古城相遇，并博取二者之长，铸就古城之中的别墅经典。住户在享受全新居住氛围的同时，亦能流连于优美的苏式体验。

开发背景

项目地处苏州老城区，市区干将路以南，东环路以西，规划中待建轻轨一号线，出行便利，配套设施完善。地块紧邻百年苏大，平江学校，人文气息浓郁，是老城区中稀有的地块资源。凭借其资源优势，项目定位为高档住宅社区，面对的客户群是有一定社会成就及经济实力的精英阶层。

前期构思：还原土地文脉

项目由平层公寓和联排别墅组成。高层组团结合地块形状，呈L型布置，围合在别墅组团周边，其建筑体量为别墅组团区隔了部分噪声及视线干扰，保证别墅组团相对独立。别墅组团的布置则充分考虑地块上保留下来的珍贵植被，通过退让、围合等方式灵活布置建筑物，最大程度避免建筑对原有环境的破坏，还原这片土地的文脉。

总平面图

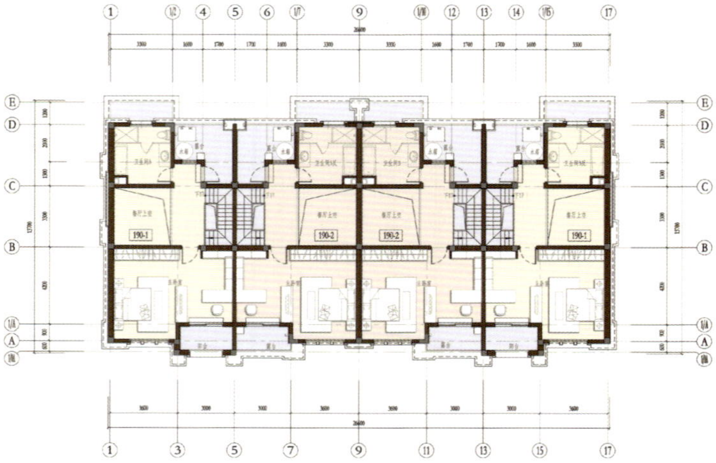

三层平面图

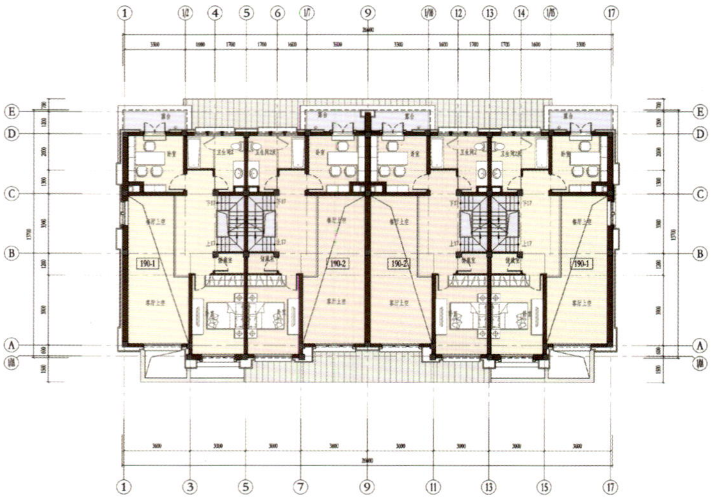

二层平面图

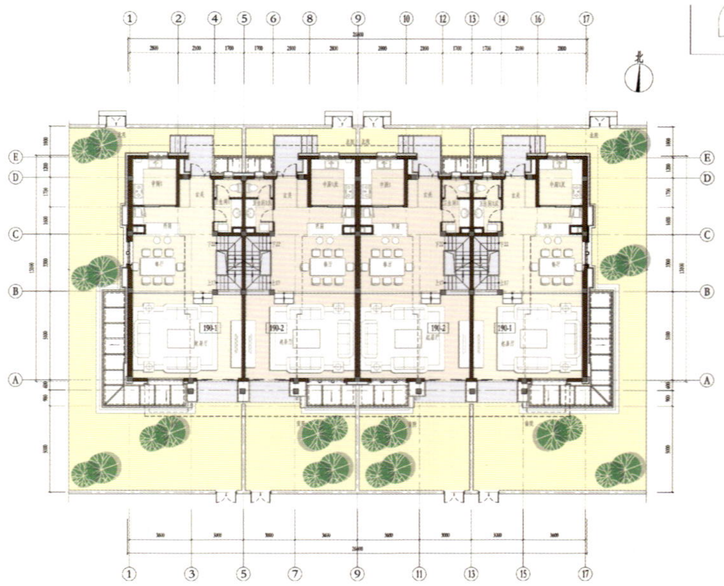

一层平面图

地下一层平面图

核心特色：赖特式建筑风格与苏州园林的营造手法相结合

苏州园林，人与自然和谐相处的城市山林。苏州园林的营造，以原有的自然风貌为基底，在城市住宅旁有限的空间里，通过叠山理水、栽植花木、配置园林建筑，浓缩再造世界最美好的自然风光，在都市内创造出人与自然和谐相处的居住环境。

赖特建筑，师法自然的百年建筑艺术。源于北美大草原的赖特式建筑风格，与苏州园林一样，也是以"天人合一"为终极建筑目标，追求返璞归真的生活形态。接近自然、模拟自然、忠于自然原材料、适应自然气候，正是赖特式建筑对自然的理解在建筑过程中的具体体现。

师出同宗的古今经典，于苏州古城首度聚首。万科长风别墅，第一个将来自万里之外的赖特式建筑风格引入古城之中。"这块土地上的建筑，必然是新时代建筑精华的体现，但也不能破坏古城已有的千年历史文化景观。因而，在选择建筑风格时我们也小心翼翼，经过了不下于15轮的筛选，最终确定了低调但不失张扬的赖特式风格作为建筑原型，并进行了细节的精雕细琢。米黄色外立面，为古城的粉墙黛瓦引入了一片温暖，同时又能与之融为一体，质朴而自然。为了满足苏州住户骨子里的江南情结，我们在社区规划中也应用了苏式巷道、过堂等一系列苏州传统住宅的打造手法，让客户在享受全新居住氛围的同时，亦能流连于优美的苏式体验。"万科长风别墅的设计师如是说。

长风别墅
CHANGFENG VILLA

立面材质

建筑材料上，主体墙面采用西奈珍珠贝，结合质感涂料，檐口及窗套等重点装饰部位采用木纹铝板，整体用材以贴近自然为主，让建筑更好地融入环境。

平面图

室内设计

样板房户型方正，南北通透，三开间朝南；房间设计充满人性化，为主人设计了充足的收纳空间。整体色调偏暖，给人温馨的感觉。书房宽敞明亮，主卧采光充足。设计延续万科精装品质，尽显雍容华美。

开发商：上海博星房产有限公司 设计单位：上海中房建筑设计有限公司	项目地点：上海青浦区徐泾镇联民路55弄 占地面积：131 458平方米	建筑面积：39 437平方米 采编：盛随兵

赖特空间理念 “有机建筑”内质

上海观庭别墅

破局思路：观庭别墅采用原味赖特式建筑风格，结构如积木，多运用方块、三角等几何元素，线条明快。斜坡四面屋顶、大挑檐、深木色窗框、红砖墙面，无论是外立面风格，还是原材料的选择，都体现出“有机建筑”的精髓内质。

开发背景

观庭别墅位于青浦徐泾国际别墅区，周边交通便利，有A9、318国道、A5等主要线路，距上海虹桥国际机场仅6公里。南傍淀浦河，与松江区九亭镇、泗泾镇交界；西与本区赵巷镇相连；北与本区华新镇及闵行区华漕镇接壤。其中观庭项目地块东至联民路，西至西向阳河，南至A9高速公路。

观庭别墅均为赖特草原式建筑风格，以联排别墅为主，兼有双拼与独栋。观庭三期产品涵盖了114套联排、12套双拼和8套小独栋别墅，其中80%以上的房源临水。

前期构思：体现赖特空间理念

观庭的原味赖特式别墅主要表现为地上完全两层设计，整体建筑低矮贴地，线条明快，积木一般的结构，方块、三角元素运用众多，斜坡四面屋顶，扁平而极端夸张延伸的屋檐似乎要将整个建筑铺到大地上一般。6种房型配置，充分考虑业主多样化的需求，地上面积275~360平方米。 超高挑空，敞开视阈，是赖特空间理念的一贯作风。大尺度露台，精致私家花园，与下沉式庭院构成多重立体花园组合，把赖特的景观思想表达无遗。

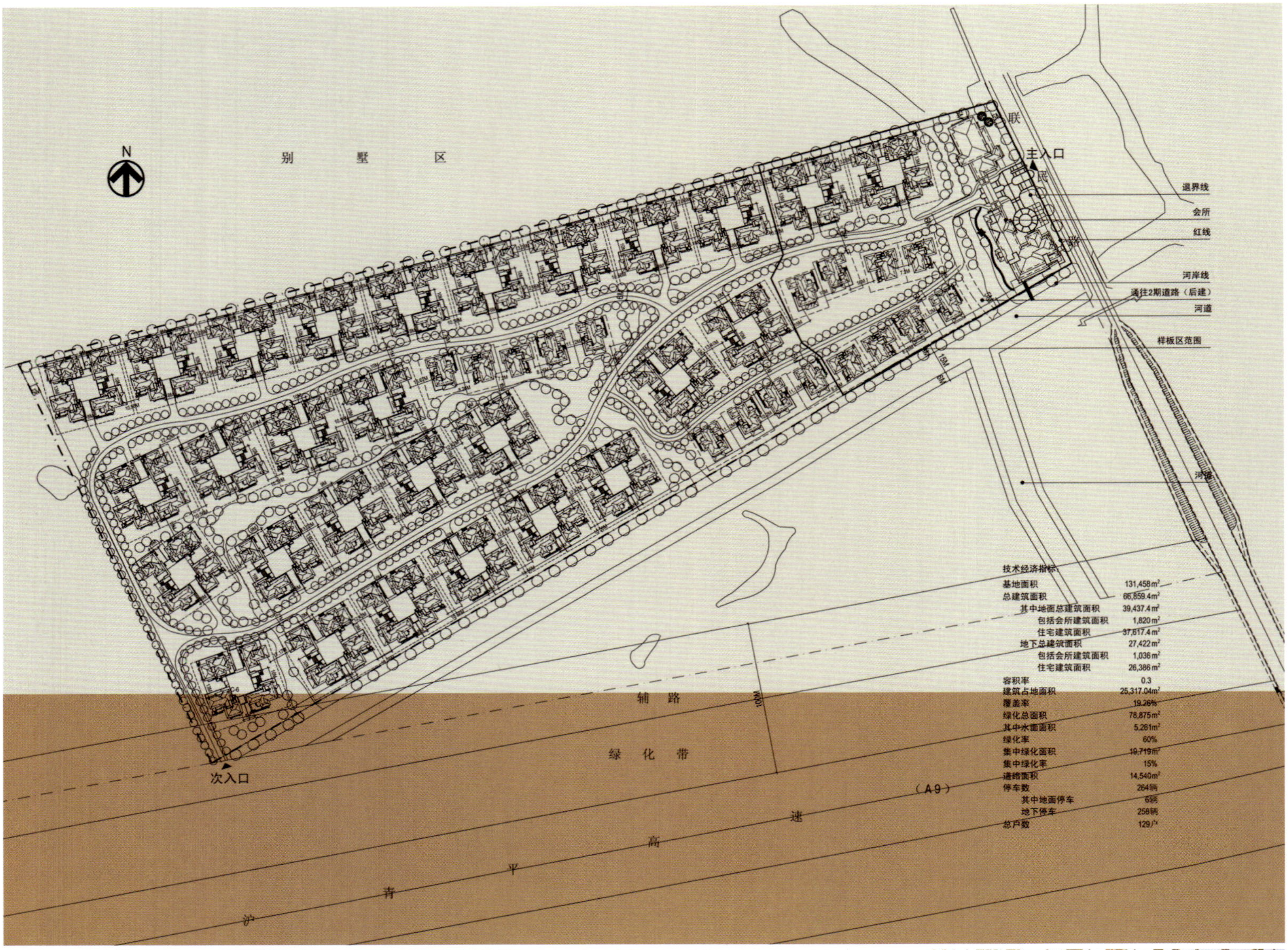
N
别 墅 区
联
主入口
民
路
退界线
会所
红线
河岸线
通往2期道路（后建）
河道
样板区范围
河道
辅 路
绿 化 带
次入口
（A9）
沪 青 平 高 速
技术经济指标：
基地面积 131,458m²
总建筑面积 66,859.4m²
其中地面总建筑面积 39,437.4m²
包括会所建筑面积 1,820m²
住宅建筑面积 37,617.4m²
地下总建筑面积 27,422m²
包括会所建筑面积 1,036m²
住宅建筑面积 26,386m²
容积率 0.3
建筑占地面积 25,317.04m²
覆盖率 19.26%
绿化总面积 78,875m²
其中水面面积 5,261m²
绿化率 60%
集中绿化面积 19,719m²
集中绿化率 15%
道路面积 14,540m²
停车数 264辆
其中地面停车 6辆
地下停车 258辆
总户数 129户

9.200
6.800
4.200
±0.000
-1.700
0.900
0.300
-0.450
-2.900
2400
2600
4200
1700
3300
1250
1200
9
1

北立面图

9.200
6.800
4.200
±0.000
-0.450
0.900
2400
2600
4200
450
3300
1350
1
9

南立面图

核心特色：体现“有机建筑”内质

平缓坡屋顶、青灰石纹屋瓦、深出挑屋檐、水平饰线条、成列玻璃窗、开放式底层、红砖及浅黄涂料墙面、深木色窗框、凹凸丰富的立面层次，等等，无论是外立面的风格，还是原材料的选择，观庭别墅都恰如其分地体现出赖特“有机建筑”的精神内质，这使项目在上海的别墅项目中显示出与众不同的气质。

立面材质

赖特曾说，茶褐色或红棕色的砖墙是最好的土色。观庭别墅外立面以红色墙砖铺贴为主，颜色沉稳，厚重踏实，强调与自然的和谐共存。

室内设计

设计整体方向为简约的殖民地风格，注意融合中国老上海的感觉。

较为开敞和细化的生活和起居区域，注重大宅设计的动线及各空间的合理安排。

注意采光及通风，将外部景观融入室内环境，特别是餐厅和西式厨房的借景设计。

将门厅过廊及会客厅利用装饰隔开，使各空间得到完整的划分，解决了整体风水和私密性的问题。

特别增加了主卧和次卧的设计，并为主卧和次卧设计了学习和休息储藏的功能。

增加了一楼客厅和休息会客空间的设计，并增加了客房的空间。

NEW ASIAN STYLE RESIDENC

新亚洲风格住宅

特色

新亚洲风格主张以具有浓厚地域特色的传统文化为根基，融入西方文化，把亚洲元素植入现代建筑语系，将传统意境和现代风格对称运用，用现代设计来隐喻中国的传统。在关注现代生活舒适性的同时，让亚洲传统文化得以传承和发扬。

创新

新亚洲风格是一种完全创新的居住理念，在空间布局上，继承了中国传统四合院的居住文化精髓，以三面围合、一面向户外庭院开放的布局，既保留了东方人所注重的围合形式的归属感，也开放了居住的视野，延展了与自然空间的交流互动，使人的心理达至平衡，进入最舒适的居住状态。

S

居无止境

通透 在内部空间布局上，入室即是通透玄关，落地大窗充分展示中庭风景，视线明亮、通透，完全契合亚洲文化讲求的“明堂净室”的理念。室内连廊设计的视野延伸至国际流行的东方禅味，强调“幽而不冷”，讲究线条的简约、质朴，光与影的交织，带动建筑的流线，步移景异，同时也更符合亚洲文化注重的礼仪需求。

和谐 在园林景观环境的规划方面，注重与自然生态环境的和谐共生，因而人和建筑都成为自然的组成部分。中央湖景的营造，以美丽的自然绿化和易于亲近闻名，细部强调公园式设计，与其相邻的有步行道、亲水台阶和延伸到水上的休息区，从而为人们提供更多交流、运动及休憩的空间。

开发商：新城控股集团
建筑设计：新加坡建筑设计SCDA
项目地点：常州西太湖生态休闲区
占地面积：230 115平方米
建筑面积：74 558.6平方米
容积率：0.35
绿化率：60%
供稿：常州新城房产股份有限公司
采编：盛随兵

东方建筑布局　西式空间文化

常州新城湖畔春秋

破局思路：新亚洲主义风格建筑沿湖分布，独特的内庭院设计，临水处的水景庭院，使建筑与景观自然融为一体。以传统中式为传承点的东方建筑平面布局中，由大面积的门窗隔扇向院内开敞，通透中又相互关联，使建筑与自然之间此中有彼，彼中有此。

区域环境

新城湖畔春秋占据西太湖稀缺的自然资源，西太湖是江苏省第二大湖，水域面积达166 666 667平方米，也是常州地区少有的大面积水域，且是重点保护的三湖之一，空气质量经环保局为一级。市政府已经把西太湖项目列入常州市的“十二五”计划，不断开发打造西太湖生活休闲区，目前西太湖板块是武进乃至常州地区最大的生态休闲区和高档住宅区。

项目概述

新城湖畔春秋位于常州西太湖生态休闲区，北临延政西路，西临绿叶路，东接淹城森林公园，南临西太湖，是一个低密度的纯别墅小区。项目整体规划为三期，一、二期沿湖分布，湖北面为一期，湖南边为二期，其他为三期。建成之后一共249栋，每套独栋别墅的占地面积都在600平方米以上，做到有天有地有院落，保证私密性。

核心特色：东方建筑布局，西式空间文化

新城湖畔春秋借鉴西方先进成熟的居住理念，汲取东方的文化精髓，引进西式建筑文化中的横条窗、竖条窗和角窗以及开敞的西式空间文化，引景入室的同时，确立以内庭为中心的典型东方建筑布局，使建筑拥有属于自己的风景。

建筑风格采用现代简约的新亚洲主义，建筑设计根据空间的变换与感受尺度的不同，形成创新的双独院别墅、双独院加内院别墅形式。

项目独有的内庭院设计，通过对景、回廊、照壁等表现手法，使每一处小品都丰富了庭院的景致；入口处，临水而居，临水筑台，内设庭院，伸向水面，使建筑与水景自然过渡。

景观设计主要是围绕中心湖景来做，简洁大方，整个项目宁静大气。独栋别墅均临水分布。

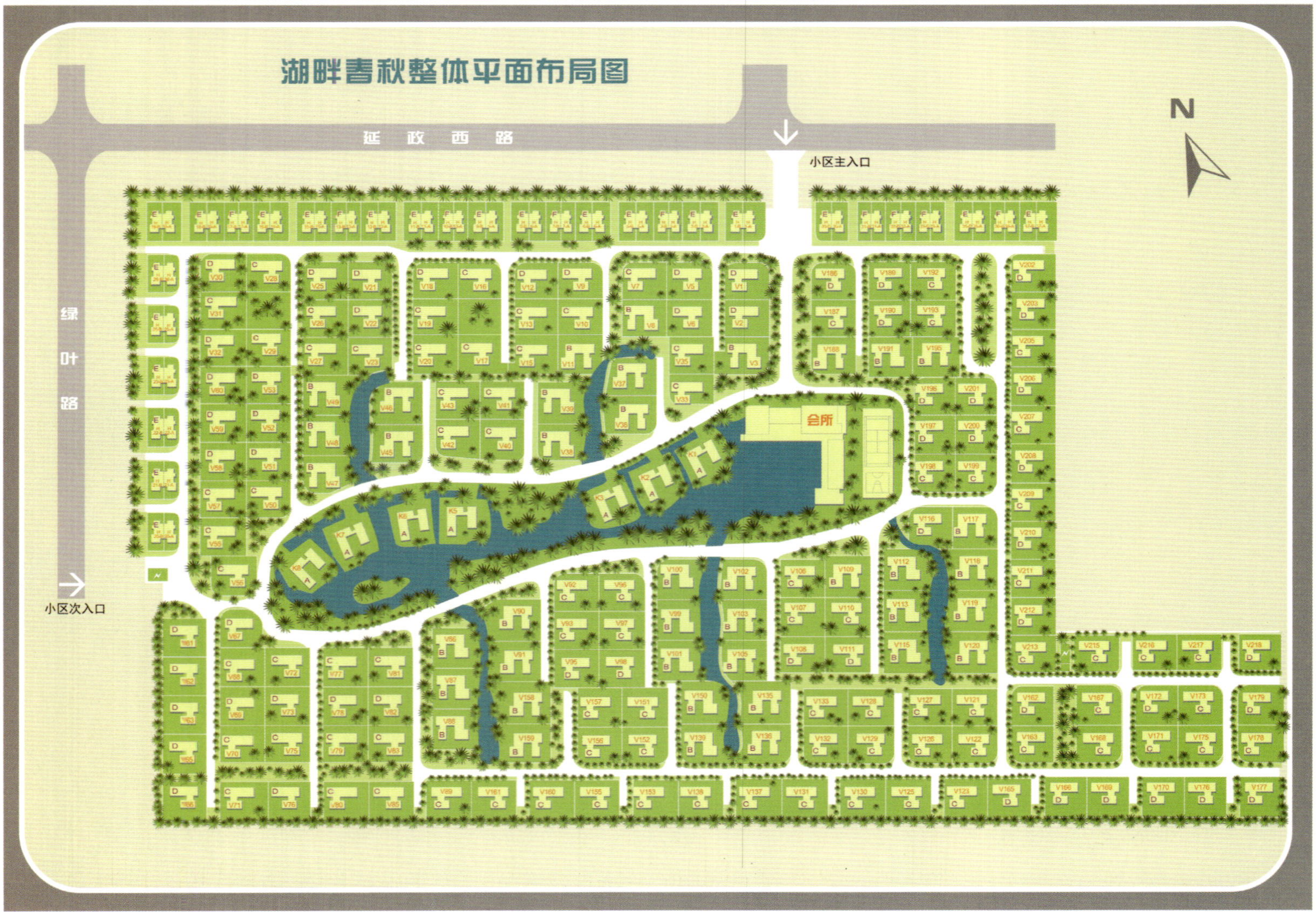
湖畔春秋整体平面布局图
N
延 政 西 路
小区主入口
绿
叶
路
会所
小区次入口

B户型地下室平面图

B户型一层平面图

B户型二层平面图

C户型地下室平面图

C户型一层平面图

C户型二层平面图

户型设计

项目双拼的户型建筑面积320～380平方米。在室内的构造中，餐厅能够共享到内院的自然光线，具有独栋别墅的豪华之感；配有阳光半地下室，具有采光、防潮的特点，可以用作私人俱乐部或私人酒吧等；层高3.6米，使整个户型显得更加大气，空间感更舒适；每栋别墅的户型拥有三面围合的私家花园，面向阳光与自然，营造诗意人居氛围。

开发商：浙江昆仑置业集团有限公司 建筑设计：澳大利亚BAU 景观设计：原田华设计有限公司	项目地点：杭州市拱墅区 占地面积：5 980平方米 建筑面积：191 976.17平方米	容积率：3.2 绿化率：30% 供稿：浙江昆仑置业集团有限公司	采编：卓羽、张兰

奢华新亚洲风格院宅

杭州昆仑公馆

破局思路：项目采用新亚洲风格设计理念，以具有浓厚地域特色的传统文化为根基，融入现代西方文化，并将传统亚洲元素植入现代建筑语系，利用现代材质和技术手法，演绎传统亚洲建筑文化，形成独有的、都市中心奢华新亚洲风格院宅，承载东方人对自然宁静生活的向往，成就世界精神结构中的东方情结。

开发背景

昆仑公馆尊踞杭州市中心武林广场旁，赫然深居于“从吴山城隍阁起始，以延安路为轴心，跨越银泰百货、杭州大厦、环球中心及至昆仑公馆”的繁华中央尊轴，以约200 000平方米的建筑体量闪耀武林核心，是业已亮相的武林豪宅中规模最大的一个。宏大的体量为形成浓郁的居住氛围提供足够的可能，也构成了昆仑公馆显而易见的独特价值。

项目以中心者的姿态拥有三湾两园，独享出则繁华、入则宁静的难得品质，坐拥武林核心独有三面环水的自然生态环境，外邻约25 000平方米城市公园及沿河景观，通过水系及桥巧妙分隔、通融，将地块环抱成天然半岛的形状，堪称城市中心不可再现的稀缺景境。

前期构思：东方建筑文化与现代高层建筑的融合

项目开发团队在相继考察了国内外诸多经典建筑形态后，汲取国内外经典建筑的灵感，最终在巴黎卢浮宫玻璃金字塔、苏州博物馆新馆、上海金茂大厦等“致力于与时间对话的建筑作品”中受到启迪，采用“新亚洲宅院”这一全新的理念，希望在杭州传统老城区打造“新亚洲院宅”，从而将东方建筑文化与现代高层建筑进行完美融合，设计出经典之作。这一理念考虑了对整体区域的改造，合理地处理城市中新与旧、高与低、大与小之间的关系，体现与杭州城市精神及气质的对话，力求成为新亚洲建筑的里程碑。

核心特色：新亚洲风格

项目被定位为“新亚洲宅院”，以新亚洲风格为主要基调，植入现代的西方文化，加以现代的材质，使亚洲的优秀文化得以传承，是东方人理想的生活居所。项目采用东方园林中最典型的洄游式庭园布局，以自然、亲和为主，适合东方人含蓄的生活个性。外立面采用中国传统四合院的“前庭后院”的理念，特别打造了“三大堂”和“院墙”的概念：在地下一层和地下二层设置入户大堂，按照新亚洲风格打造，并且拥有自然采光。依据东方人喜欢含蓄的围合式、具有归属感的空间，项目采用的院墙既在小范围内给居住者围合式的空间，又在形式上采用镂空的设计，和自然景观融为一体，产生光影的变幻。

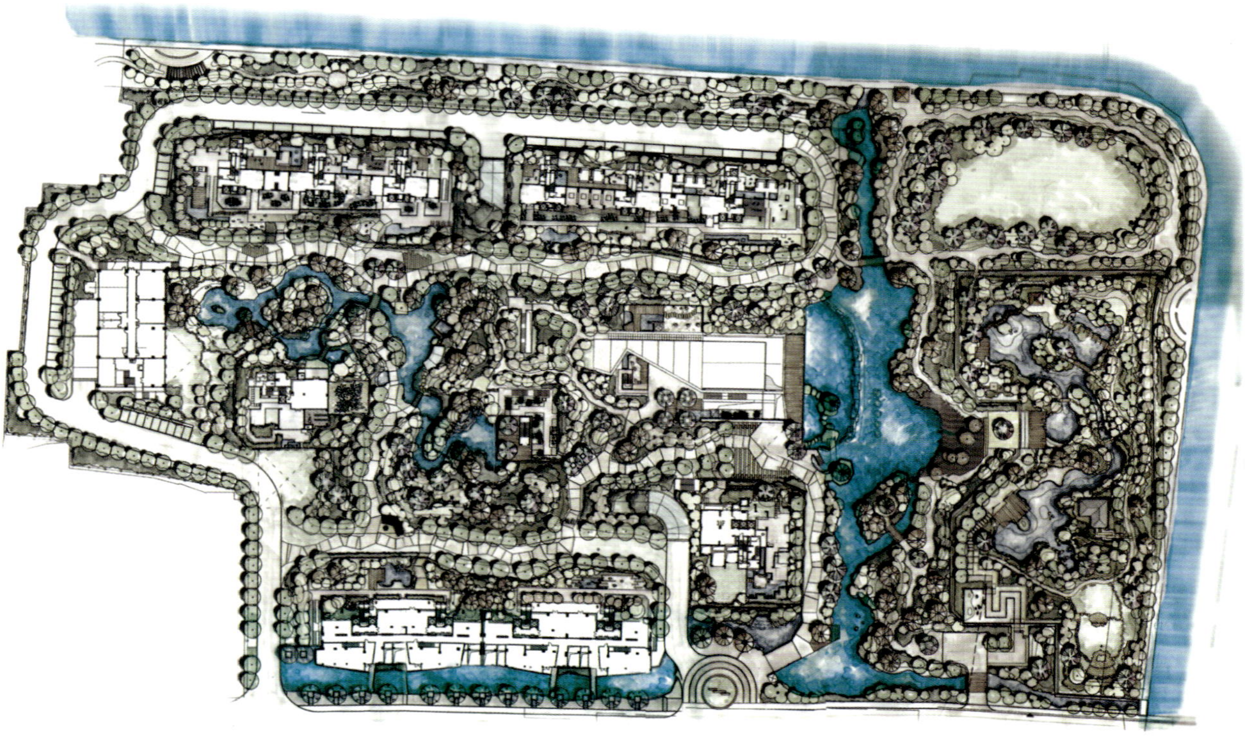
总平面图

材质运用

项目以现代材质和技术手法，以现代西方顶级建筑材料和技术，演绎传统亚洲建筑文化，从而形成全新的新亚洲文化和新亚洲院宅。

KUNLUN CLUB

园林设计

项目采用了东方园林中最典型的洄游式庭园布局。以水池为中心，周围配置若干个茶室，其间安排东屋、石桥、木桥、瀑布、曲池、茶室、枯山水等景观小品，行走其中，桥径阡陌衔连，堆坡、叠瀑、河滩、浮萍、嶙石纷至沓来，沿园路设有堆坡、野道、沙滩、水系等。在园林的疏密的对比中，宽超越了自身，窄也压缩了自己，两相对比而浑然一体。

户型设计

作为武林核心仅有的纯跃层楼座，昆仑公馆4号楼以310平方米的豪华空间，提供了市中心罕见的复式奢居模式，呈现了尊贵的中央居住形态。4号楼310平方米纯跃墅采用三梯两户高端配置，保证楼座住户的高端性和纯粹性。

室内设计

室内采用新古典风格，石材铺就的奢华质感，高挑大气的殿堂客厅，具有仪式感的旋转楼梯，富丽堂皇的奢华主卧，现代时尚的尊贵元素，尽显尊贵品位和奢华气质。

新古典风格跃层一层

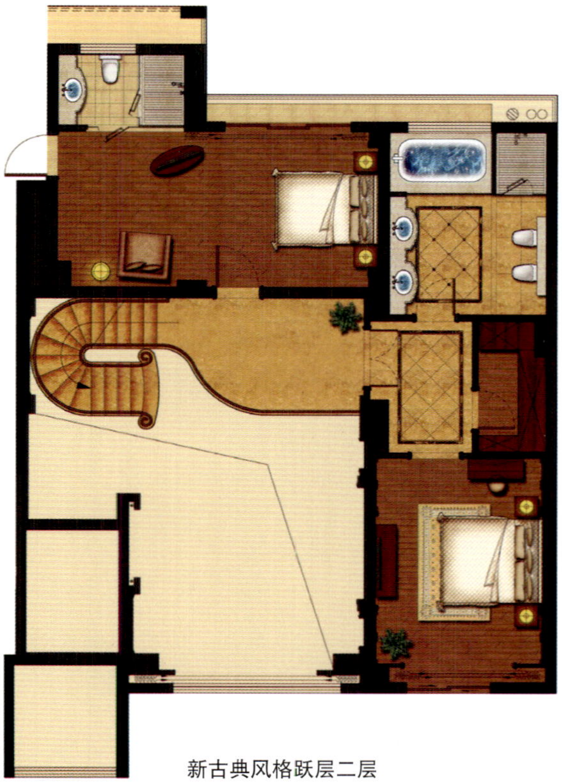

新古典风格跃层二层

开发商：北京阳光新业地产股份有限公司
建筑设计：schmidt hammer lassen architects 建筑公司
景观设计：schmidt hammer lassen architects 建筑公司
合作建筑师：北京兴泰房地产开发有限公司
工程师：北京城建设计研究机构
景观美化设计：SHL建筑师事务所
项目地点：北京市朝阳区东四环北路6号
建筑面积：93 000平方米
供稿：schmidt hammer lassen architects 建筑公司
采编：盛随兵

提炼丹麦风格元素　打造国际化人文社区

北京安徒生花园

破局思路：无论是组团规划、建筑立面、房屋结构还是组团环境设计，均充满着简约、灵秀、时尚、环保的精神，以丹麦现代建筑艺术和国际装饰精品，打造安徒生花园多元化、国际化的人文居住环境。

开发背景

安徒生花园是北京著名的国际化社区——阳光上东的最后一期住宅组团，位于上东国际社区中的最佳地理位置，背靠蜿蜒坝河，面向朝阳公园，与第三使馆区紧密相邻，地处丽都燕莎商圈的中心腹地，是北京都市中心的绝佳地段。在其周围，东四环路、机场高速公路等城市主干道网格状排列，纵横交错，四通八达，方便快捷。

前期构思：注重人与自然、人与环境的关系

注重人与自然、人与环境的关系。设计师对于项目的核心构思是：在绿色的草地上生长出7组清秀、挺拔、纯粹的白色生态建筑物，宛如7个白色精灵在北京城市天际线划出一道清新的风景，与所有的居住类建筑甚至公建都不相同。设计师描绘了这样一幅图景：蓝蓝的天空下，河水静静流淌，倒映着绿色草地上的白色建筑，天空、流水、植物、建筑，融合在一起。

产品规划

社区由7栋通透板楼组成，每栋楼最多两个单元。1–2层为商业及会所，住宅由三层开始。园区内部道路采用人车分流体系，车辆自大门入口处直接进入地下车道，园林内道路上禁止机动车通行。业主可以乘坐直梯入户(4号楼除外)，也可以乘坐扶梯，由一层至三层，入户门设置门禁系统。公共区域精装修，电梯厅两侧为通透落地窗设计，每栋楼分别点缀不同的主题纯手工落地漆画加以分区。

核心特色：四合院式形态，立体化园林景观

6个细长的体块以白色中国产花岗岩饰面，按顺序置于“雕刻”的绿色基柱上，住宅和零售区与基础设施与停车场连接。整洁的楼梯角楼连接高楼，创造透明感。在地面标高上，绿色的基座形成轻微起伏的广场，为居民提供休闲区，成为“社区俱乐部”。基座顶部还有一个朝西的阳光明媚的公园场地。

每个单元遵循北京传统的四合院式住宅形态，其居住空间围绕中央内庭布置。内院住宅以下每层裙房都设计了退台式的平台，形成立体化园林景观。

首层园林的流水系统极有创意，与丹麦国际图书馆的外部水景异曲同工。流水深度3～5厘米，在春、夏、秋三季循环流动，有利于带走空气中的灰尘，净化小区空气。在冬季则排干水系，由于3～5厘米的高差极小，池底的石材不会形成一个大坑，可以成为人们活动的一部分。

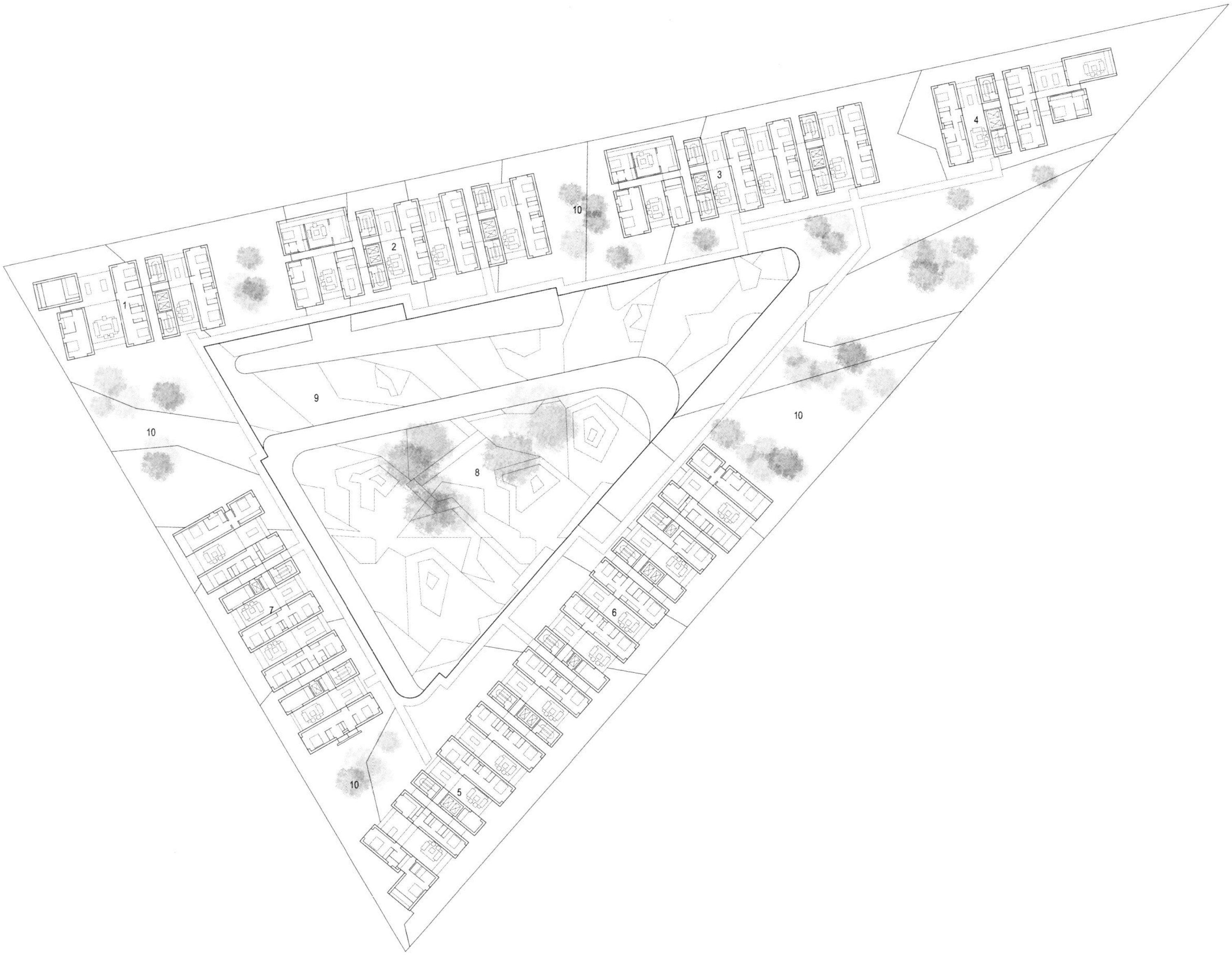

总平面图

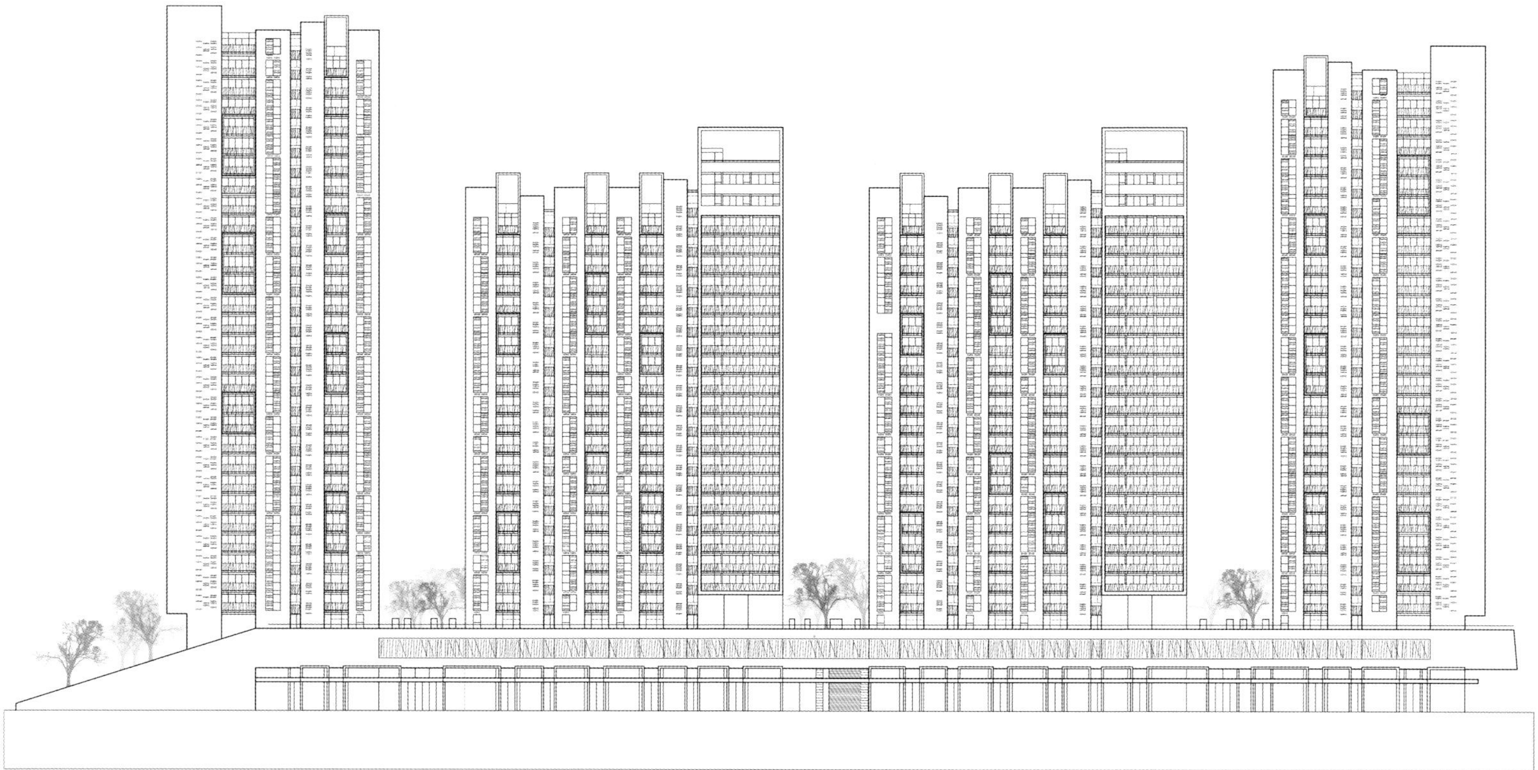

中式庭院古典风格

建筑单元沿用北京老城区的中式庭院古典风格，使房间围绕一个中心庭院布局，建筑内的过道设置被省略掉，其方位让建筑本身享有良好的光照，并使灞河的水景和户外的绿色景观展露无遗。

立面材质

外墙采用开缝式幕墙体系，布局主要由玻璃立方体和石头立方体组成，这两种立方体的交替出现外加立面上跳跃随机出现的白色铝板装饰体，使主体造型有了三个立体层次。选用特别设计的开孔石材，形成钢琴琴键般的韵律感。植物一般的阳台栏板，赋予建筑生命。

复式样板间设计

入口设置玄关、客厅和餐厅，为了让面积不大的房子显得整洁些，设计师强化了立面的理性，用更规整的手法来处理。整个陈设的调子就是混搭，设计师刻意不强调东方意境的存在，让法式、英式的家具在整个空间里穿插存在，这是一个来自五湖四海的空间。厨房和客厅、餐厅之间可分可合，强调了整个空间的中轴线。